新编高等职业教育电子信息、机电类规划教材·机电一体化技术专业

AutoCAD 2016 工程绘图及实训

（第 2 版）

魏加兴
杨晓清　编　著

电子工业出版社

Publishing House of Electronics Industry

北京·BEIJING

内 容 简 介

AutoCAD 是由美国 Autodesk 公司开发的通用 CAD 绘图软件，是当今工程领域广泛使用的绘图工具之一。本书是 AutoCAD 2016 中文版的实例类教程。

本书基于工程绘图工作过程，全面、系统地介绍了 AutoCAD 2016 的主要功能和使用技巧，采用先讲述基本命令及作图方法，再结合综合性案例进行练习的方法，由易到难、循序渐进地展开学习。

本书的内容安排形式如下：（1）每章前面都是先列出知识要点和技能要点，系统地提出工作任务；（2）详尽地讲解基本知识和概念；（3）然后，通过典型应用案例进行实战演练，实战演练的操作步骤清晰详细；（4）最后给出相关案例进行技能拓展。理论结合实践，具有较强的可操作性。读者可以融会贯通，起到举一反三的效果。

本书结构合理，图文并茂，结合作者多年的 AutoCAD 教学经验，切实解决 AutoCAD 2016 使用过程中的实际问题。本书适合 AutoCAD 的初、中阶段爱好者及工程设计人员学习使用，也可作为高等院校 CAD 相关专业及各类 AutoCAD 教学培训教材。

图书在版编目（CIP）数据

AutoCAD2016 工程绘图及实训 / 魏加兴，杨晓清编著. —2 版. —北京：电子工业出版社，2018.3

ISBN 978-7-121-30994-6

Ⅰ. ①A… Ⅱ. ①魏… ②杨… Ⅲ. ①工程制图－AutoCAD 软件－高等学校－教材 Ⅳ. ①TB237

中国版本图书馆 CIP 数据核字（2017）第 038142 号

策 划：陈晓明
责任编辑：郭乃明 特约编辑：范 丽
印 刷：三河市华成印务有限公司
装 订：三河市华成印务有限公司
出版发行：电子工业出版社
　　　　　北京市海淀区万寿路 173 信箱 邮编：100036
开 本：787×1 092 1/16 印张：16.5 字数：422 千字
版 次：2010 年 1 月第 1 版
　　　　2018 年 3 月第 2 版
印 次：2018 年 3 月第 1 次印刷
印 数：1 500 册 定价：39.00 元

凡所购买电子工业出版社图书有缺损问题，请向购买书店调换。若书店售缺，请与本社发行部联系，联系及邮购电话：（010）88254888，88258888。

质量投诉请发邮件至 zlts@phei.com.cn，盗版侵权举报请发邮件至 dbqq@phei.com.cn。

本书咨询联系方式：（QQ）34825072。

前　　言

AutoCAD 是一款出色的计算机辅助设计软件，它功能强大、性能稳定、兼容性好、扩展性强、具有强大的二维绘图、三维建模和二次开发等功能，在机械、建筑、电子电气、化工、石油、服装、模具和广告等行业应用广泛。

本书运用基于绘图工作工程的理念，结合作者多年的 CAD 教学经验，将 AutoCAD 2016 的基本功能和实用技巧融入实际案例之中。通过教学任务的合理设计，在完成相关知识点的学习前提下，通过实战演示和技能拓展快速掌握 AutoCAD 2016 的绘图技巧。读者可以边学边练，既能快速掌握软件的功能，又能迅速进入实战演练状态。

本书共 11 章，内容全面，典型实用。各章内容如下：

第 1 章：AutoCAD 2016 的界面和基本操作。

第 2 章：基本二维图形绘制。

第 3 章：基本图形编辑。

第 4 章：控制图形显示与图层应用。

第 5 章：面域与图案填充。

第 6 章：标注图形尺寸。

第 7 章：使用文字与表格。

第 8 章：使用块与外部参照和设计中心。

第 9 章：绘制三维图形。

第 10 章：编辑与标注三维对象。

第 11 章：图形的输入输出与专业绘图相关技术。

本书由桂林电子科技大学魏加兴、杨晓清编著。由于作者经验和自身水平有限，书中难免存在疏漏和不足，恳请专家和读者朋友指正，以期共同进步与提高。

最后向为出版本书提出宝贵意见的刘宇飞、刘伟元、梁惠萍、庾萍、汪沙娜等老师表示深深的感谢。

编　者

2016 年 10 月

目　　录

第1章　AutoCAD 2016 的界面和基本操作

知识目标

熟悉中文版 AutoCAD 2016 工作界面；熟悉图形文件的管理；熟悉绘图环境的设置。

技能目标

正确运行中文版 AutoCAD 2016；正确使用鼠标的左、右键；熟练设置绘图环境；熟练显示或隐藏工具栏。

1.1　AutoCAD 2016 工作界面

中文版 AutoCAD 2016 默认的工作界面主要由菜单浏览栏、快速访问工具栏、应用程序菜单、标题栏、信息中心、功能区、命令窗口、状态栏和绘图区等几个部分组成。启动 AutoCAD 2016 后，其工作界面如图 1-1 所示。

图 1-1　AutoCAD 2016 工作界面

1. 应用程序菜单

在 AutoCAD 2016 界面上单击应用程序按钮，弹出应用程序菜单，如图 1-2 所示。应用程序菜单包含新建、打开、保存、另存为、输出、发布、打印、图形实用工具、关闭、选项、退出等命令。

应用程序菜单上方显示搜索文本框。可以在此输入搜索词，用于快速搜索命令。搜索结果包含菜单命令、基本工具提示和命令提示文字字符串等，如图1-3所示。

图1-2　应用程序菜单

图1-3　应用程序菜单搜索

2. 快速访问工具栏和下拉菜单

通过快速访问工具栏能进行一些 AutoCAD 的基础操作，默认的有新建、打开、保存、另存为、打印和放弃等命令，如图1-4所示。

用户可以为快速访问工具栏添加命令按钮。在快速访问工具栏上右击，在弹出的如图1-5所示的快捷菜单中选择"自定义快速访问工具栏(C)"选项，系统弹出"自定义用户界面"对话框，如图1-6所示，在该对话框中的"命令"列表中选择要添加的命令后将其拖到"快速访问"工具栏，即可为该工具栏添加相应的命令按钮。

图1-4　快速访问工具栏　　　　　　　　　　图1-5　快捷菜单

AutoCAD 2016 默认没有将下拉菜单栏显示出来，用户可以单击"快速访问工具栏"右侧的▼按钮，在弹出的如图1-7所示的列表中选择"显示菜单栏"选项，即可将下拉菜单栏显示出来，如图1-8所示。

图 1-6 "自定义用户界面"对话框

图 1-7 自定义快速访问工具栏列表

图 1-8 显示下拉菜单

3. 标题栏

标题栏位于工作界面的最上方,用来显示 AutoCAD 2016 的程序图标以及当前所操作图形文件名。

4. 信息中心

AutoCAD 2016 "信息中心"提供了详细的帮助,通过这些帮助可以快速地解决设计中遇到的各种问题。单击信息中心左边的"搜索"按钮,即可启动帮助窗口,如图 1-9 所示。在"帮助对话框"左侧的"搜索"选项框中输入相应问题,对话框左侧下方显示相关的搜索结果,单击搜索结果,便可在右侧得到相应解答,如图 1-10 所示。

图 1-9 帮助对话框

图 1-10 搜索结果

也可以直接在"信息中心框"中直接输入问题，回车后便可得到同样的效果，如图 1-11 所示。

图 1-11 相同搜索结果

5. 功能区

功能区包括功能区选项板和功能区面板两个部分。

功能区选项板用于显示与基本任务的工作空间关联的按钮和控件，默认的初始状态下有 11 个功能选项卡："默认"、"插入"、"注释"、"布局"、"参数化"、"视图"、"管理"、"输出"、"插件"、"Autodesk 360"和"精选应用"。每个选项卡都包含了若干个面板，每个面板又包含了许多命令按钮，如图 1-12 所示。

图 1-12 功能选项卡和面板

当面板中没有足够的空间显示所有按钮时，面板下方会出现三角按钮 ▼，用户可单击该按钮，展开折叠区域，显示其他相关的命令按钮。如果某个命令按钮下面有三角按钮 ▼，则表明该按钮下面还有其他命令按钮，单击该三角按钮，系统将弹出折叠区的命令按钮。

单击功能区选项卡右侧的 按钮，系统将会弹出如图 1-13 所示的快捷菜单，选择"最小化为选项卡"选项，选项卡区域将最小化为选项卡，如图 1-14 所示；选择"最小化为面板标题"选项，选项卡区域将最小化为面板标题，如图 1-15 所示；选择"最小化为面板按钮"选项，选项卡区域将最小化为面板按钮，如图 1-16 所示；若选择"循环浏览所有项"选项后连续单击 按钮，就可在图 1-14 到图 1-16 所示的显示样式之间切换。

最小化为选项卡
最小化为面板标题
最小化为面板按钮
✔ 循环浏览所有项

图 1-13　快捷菜单

图 1-14　最小化为选项卡

图 1-15　最小化为面板标题

图 1-16　最小化为面板按钮

功能区的显示与关闭：

如果没有显示功能区，用户可以通过在菜单栏中单击"工具"→"选项板"→"功能区"命令，或在命令提示行下输入"ribbon"命令，调出"功能区"。

如要关闭功能区，则可以在功能区右侧空白处单击鼠标右键，在弹出的快捷菜单中单击"关闭"按钮，或在命令提示行下输入"ribbonclose"命令，关闭功能区。

6．绘图区

绘图区是用户进行设计的图形区域，所有的绘图结果都反映在这个窗口中，类似于手工绘图时的图纸。在 AutoCAD 2016 中，可以同时打开多个图形文件，每个图形文件都有自己的绘图窗口。如果图纸比较大，需要查看未显示部分时，可以单击窗口右边与下边滚动条上的箭头按钮，或拖动滚动条上的滑块来移动图纸。

在绘图区中除了显示当前的绘图结果外，还显示了当前使用的坐标系类型以及坐标原点、X、Y、Z 轴的方向等。

绘图区下方有"模型"和"布局"选项卡，单击它们可以在模型空间与图纸空间之间进行切换。绘图区域的默认颜色为黑色，用户还可以根据自己的绘图习惯设置颜色。

设置颜色步骤如下：

（1）单击"应用程序按钮 ▲"→"选项"，弹出"选项"对话框，如图 1-17 所示。

（2）在"选项"对话框中选择"显示"→"颜色"选项，弹出"图形窗口颜色"对话框，如图 1-18 所示。

（3）在"图形窗口颜色"对话框中，单击"颜色"选项右侧的三角，在弹出的颜色列表中选择所需颜色即可。

图 1-17 "选项"对话框

图 1-18 "图形窗口颜色"对话框

7. 命令行

"命令行"位于绘图窗口的底部，用于接受用户输入的命令，并显示系统提示信息。在 AutoCAD 2016 中，"命令行"可以是浮动窗口（如图 1-19 所示），也可以是固定的，如果命令行是固定的，那么将贯穿整个 AutoCAD 程序窗口。

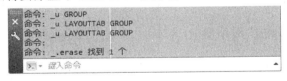

图 1-19 浮动命令行

命令行的位置和大小可以用鼠标自由调节。一般来说，其高度最好能显示 3 行文字，便于完全显示命令和用户读取有关参数。关闭命令行：可选择依次单击下拉菜单"工具"→"命令行"或按 Ctrl+9 组合键或单击命令行左侧的关闭按钮 ✕ 。重新显示命令行：可选择依次单击下拉菜单"工具"→"命令行"或按 Ctrl+9 组合键。

8. 状态栏

状态栏位于屏幕的底部，它用来显示当前光标所处位置的坐标值，以及控制与切换各种模式的状态，如图 1-20 所示。

图 1-20　状态栏

光标所处的位置用 X、Y、Z 坐标表示，或是在执行命令的过程中，显示相对于上一次选择的点的距离和角度。如果移动光标，坐标值将自动更新。在坐标显示区单击，可以打开或关闭自动坐标显示。

状态栏中的其他选项，分别表示当前是否启用了捕捉模式、栅格显示、正交模式、极轴追踪、对象捕捉、对象捕捉追踪、动态输入等功能以及是否显示线宽、当前的绘图空间等信息。通过单击相应的按钮，可以控制这些模式和功能开关的打开与关闭。

在默认状态下，状态栏不会显示所有工具。用户可以单击状态栏最右侧的"自定义"按钮 ▤，如图 1-21 所示，从"自定义"菜单中选择要在状态栏中显示的工具。

注释性是用于对图形加以注释的特性，注释比例是与模型空间、布局视口和模型视图一起保存的设置，用户可以根据比例的设计对注释内容进行相应的缩放。单击"注释比例"按钮，在弹出的菜单中选择需要的注释比例，也可以自定义注释比例。

单击"注释可见性"按钮，可以对"显示所有比例的注释性对象"和"仅显示当前比例的注释性对象"两种模式进行切换显示。

图 1-21　自定义状态栏中的显示内容

用户可以通过单击状态栏中的切换工作空间按钮 ▣，在弹出的快捷菜单中选择要切换的工作空间。

9. ViewCube 与导航栏

ViewCube（三维导航）工具（如图 1-22 所示），直观反映了图形在三维空间内的方向，是模型在二维模型空间或三维视觉样式中处理图形时的一种导航工具。使用 ViewCube 工具可以方便地调整模型的视点，使模型在标准视图和等轴测视图间切换。

（a）三维空间内

"主视图"按钮 ————— ————— "旋转"按钮
指南针基本方向 ————— ————— "菜单"按钮
指南针圆环 ————— ————— "坐标系切换"按钮

（b）二维空间内

图 1-22　ViewCube 工具

ViewCube 工具的菜单与功能如下：

"主视图"按钮：单击该按钮可将模型视点恢复至随模型一起保存的主视图方位。

"旋转"按钮：包含顺时针和逆时针两个按钮，单击任意按钮，模型可绕当前图形的轴心旋转 90°。

指南针：单击指南针上的基本方向可将模型进行旋转，同时也可以拖动指南针的一个基本方向或拖动指南针圆环使模型绕轴心点以交互式旋转。

"坐标切换"按钮：单击该按钮，在弹出的快捷菜单中可快速切换坐标系或新建坐标系。

"菜单"按钮：单击该按钮，将弹出如图 1-23 所示的 ViewCube 菜单，使用该菜单可恢复和定义模型的主视图，在视图投影模式间进行切换，以及更改交互行为和 ViewCube 工具的外观。

主页 ————————— 恢复至模型中定义的主视图
平行 ————————— 将当前视图切换至平行投影
透视 ————————— 将当前视图切换至透视投影
使用正交面的透视 ————————— 将当前视图切换至使用正交面的透视投影
将当前视图设定为主视图 ————————— 根据当前视图定义模型的主视图
ViewCube 设置... ————————— 显示对话框用以对 ViewCube 进行设置
帮助 ————————— 显示ViewCube 使用帮助

图 1-23　ViewCube 菜单

ViewCube 工具的显示与隐藏：在系统默认状态下，ViewCube 工具显示在界面的右上角。选择"视图"选项卡→"视口工具"面板中的"ViewCube"按钮（如图 1-24 所示），就可以显示或隐藏 ViewCube 工具。

ViewCube 工具显示后不处于活动状态，将鼠标移动到其上时，ViewCube 工具上的按钮才会加亮显示，此时 ViewCube 工具处于活动状态，可根据需要调整视点。

导航栏（如图 1-25 所示）是一种用户界面元素，用户可以从中访问通用导航工具和特定于产品的导航工具。

图 1-24　显示或隐藏 ViewCube 工具

图 1-25　导航栏

导航栏的显示与隐藏：单击"视图"选项卡→"视口工具"面板中的"导航栏"按钮（如图 1-24 所示），就可以显示或隐藏导航栏工具。

导航栏中提供以下特定于产品的导航工具：

"平移"工具：平行于屏幕移动视图。

"缩放"工具：一组导航工具，用于增大或缩小模型的当前视图的比例。

"动态观察"工具：用于旋转模型当前视图的导航工具集。

1.2 图形文件管理

本节重点介绍图形文件管理功能，包括新建图形文件、打开图形文件、保存图形文件等内容，这是学习所有软件的基础。

1.2.1 新建和打开图形文件

启动 AutoCAD 2016 时会自动新建一个绘图文件，在保存之前其名称为 drawing1.dwg，用户还可以随时创建新图形文件。

新建文件：可以单击"快速访问工具栏"上的新建按钮 ⬜，或者 Ctrl+N，或选择下拉菜单"文件"→"新建(N)"命令，打开"选择样板"对话框，如图 1-26 所示。

图 1-26 "选择样板"对话框

在"选择样板"对话框中，可以在样板列表框中选中某个样板文件（*.dwt），这时在右侧的"预览"框中显示出该样板的预览图像，单击"打开"按钮，可将选中的样板文件作为样板来创建新图形。如果不需要样板，单击"打开"按钮右边的小三角按钮，在展开的菜单中选择"无样板打开-公制"选项，对话框将关闭并回到绘图窗口，之后就可以开始绘图了。

打开文件：可以单击"快速访问工具栏"上的打开按钮 📂，或 Ctrl+O，或选择下拉菜单"文件"→"打开(O)"命令打开如图 1-27 所示的"选择文件"对话框，利用该对话框可打开现有的一个或多个 AutoCAD 图形文件。

图 1-27 "选择文件"对话框

1.2.2 保存和关闭图形文件

在 AutoCAD 2016 中，可以使用多种方法和格式来保存图形文件。图形文件可以保存为 AutoCAD 的格式，也可保存为其他格式。保存为其他格式后，可利用其他绘图软件程序进行其他绘图工作。

文件保存：可以单击"快速访问工具栏"上的保存按钮，或 Ctrl+S，选择下拉菜单 "文件"→"保存(S)"命令，对新建的文件在第一次保存时，系统会弹出"图形另存为"对话框，如图 1-28 所示，要求命名和选择路径，一旦保存好后，以后的保存将直接覆盖此文件，不再弹出此对话框。

图 1-28 "图形另存为"对话框

"另存为"命令：单击"快速访问工具栏"上的另存为按钮。该命令非常实用，通常属于同一工程项目的一套图样，应在统一的绘图环境（包括图幅格式、文字样式、尺寸标注样式、线型与图层等有关参数的设置）下进行绘制。为保持每张图样的绘图环境相同，用户可采用"另存为"命令建立一个模板文件（扩展名为*.dwt）。每当绘制一张新图形时，用户可以通过"创建新图形"对话框调用自己定义的样板文件。为保证样板文件为一张空白图纸，用户在完成一张图样后，应采用"另存为"命令将当前图形存为另一名称的图形文件。此外，同一工程项目的整套图样中，可能会有某些图样部分内容相同，为避免重复劳动，提高工作效率，用户可以在原有图形的基础上，进行修改或添加其他内容，然后采用"另存为"命令产生另一个图形文件。

为防止意外发生，用户可以设置自动保存的功能，自动保存时间间隔可设置为 1～120 分钟。单击"应用程序按钮▲"→"选项"菜单命令，在弹出的"选项"对话框中选择"打开和保存"选项卡进行时间设置，如 1-29 所示。一旦有意外断电、死机或程序出现致命错误等问题而导致文件关闭等意外发生，而用户自己忘记存盘，可以找到该文件，将其扩展名改为 dwg，就可以用 AutoCAD 2016 重新打开，这样就不会有太多的数据丢失。

图 1-29　在"选项"对话框中设置自动保存

1.3　设置绘图环境

绘图环境设置是否得当，将直接影响用户绘制图形的效率和效果，所以，在绘制图形之前，用户首先要对绘图环境进行设置。绘图环境的设置主要包括参数设置、单位设置和图形界限设置。

1.3.1　设置参数选项

参数设置主要是在"选项"对话框中进行。单击"应用程序按钮▲"→"选项"命令，即可打开"选项"对话框，如图 1-30 所示。该对话框中包含了"文件"、"显示"、"打开和保存"、"打印和发布"、"系统"、"用户系统配置"、"草图"、"三维建模"、"选择集"和"配置"共 10 个选项卡，这些选项卡的功能如下。

"文件"选项卡：用于在列出的程序中搜索支持文件、驱动程序文件、菜单文件和其他文件的路径。

图 1-30 "选项"对话框

"显示"选项卡：用于设置窗口元素、布局元素、显示精度、显示性能以及十字光标大小和参照编辑的褪色度等显示属性。

"打开和保存"选项卡：用于设置有关 AutoCAD 2016 文件打开和保存的相关内容。

"打印和发布"选项卡：用于设置有关打印图形文件的信息。默认情况下，输出设备为 Windows 打印机。但在很多情况下，为了输出较大的图形，可能使用专门的绘图仪。

"系统"选项卡：主要用于 AutoCAD 2016 的系统设置。

"用户系统配置"选项卡：用于设置是否使用快捷菜单和对象的排序方式。

"草图"选项卡：用于设置与捕捉、追踪等选项有关的内容。

"三维建模"选项卡：对三维绘图模式下的三维十字光标、UCS 图标、动态输入、三维对象、三维导航等选项进行设置。

"选择集"选项卡：用于设置选择对象的方法、拾取框大小以及夹点大小等。

"配置"选项卡：用于设置显示可用配置。用户可以对选中的配置进行设置为当前、添加到列表、重命名、删除、输出、输入和重置等操作。

1.3.2　设置图形单位

绘图单位的设置将直接影响到绘制图形的比例和统一性。在 AutoCAD 2016 中，可以用 1∶1 的比例因子绘图，所有的直线、圆等其他对象都可以以真实大小来绘制。一般来讲，不同行业（如机械行业、建筑行业、电气行业以及科学试验等）在使用 AutoCAD 绘制图形时采用的度量单位也不一样。在 AutoCAD 2016 中，单击下拉菜单"格式"→"单位"命令，或者直接在命令行输入"units"命令并回车，打开"图形单位"对话框，如图 1-31 所示。

图 1-31　"图形单位"对话框

用户可以在该对话框中设置长度类型及精度、角度类型及精度以及用于缩放插入内容的单位。该对话框中各选项功能如下：

（1）"长度"选项：该选项主要用于指定测量的当前单位及当前单位的精度。默认长度类型为"小数"，"精度"是小数点后 4 位。

"类型"下拉列表框中的"工程"和"建筑"格式提供英尺和英寸显示，并假定每个图形单位表示一英寸。其他格式如"科学"和"分数"可表示任何真实的单位。

（2）"角度"选项：该选项主要用于指定当前角度格式和当前角度显示的精度。系统默认的角度测量正方向为逆时针方向，如果用户选中"顺时针"复选框，则设置角度的测量正方向为顺时针方向。

（3）"插入时的缩放单位"选项：该选项主要用于控制插入到当前图形中的块和图形的测量单位。默认为"毫米"。

1.3.3 设置图形界限

绘图界限就是绘图区域。选择下拉菜单"格式"→"图形界限"命令，或者直接在命令行输入"LIMITS"命令并回车，设置图形界限。在发出命令时，命令行显示如下信息：

指定左下角点或 ［开(ON)/关(OFF)］ <0.0000,0.0000>：

开(ON)：打开界限检查。当界限检查打开时，不能在图形界限之外结束一个对象。因为界限检查只测试输入点，当指定两个点画圆时，圆的一部分可能在界限之外。

关(OFF)：关闭界限检查。当界限检查关闭时，可以在界限之外画对象或指定点。

1.4 使用命令与系统变量

在 AutoCAD 2016 中，菜单命令、工具按钮、命令和系统变量都是相互对应的。可以选择某菜单命令，或单击某个工具按钮，或在命令行输入命令和系统变量来执行相应的命令。

1. 使用鼠标操作执行命令

当鼠标指针位于绘图区时，会变成十字光标，其中心有一个小方块，称为目标框，可以用来选择对象。其交点表现了光标在当前坐标系中的位置。绘图时指针样式不是固定的，一般在执行绘图命令时显示为没有小方框的十字光标，而在执行编辑命令时显示为没有十字光标的小方框。

当光标移至菜单选项、工具或对话框时，会变成一个箭头。在 AutoCAD 2016 中，鼠标键按照以下规则定义。

拾取键：指鼠标左键，用于指定屏幕上的点，也可以用来选择 Windows 对象、AutoCAD 对象、工具栏按钮和菜单命令。

回车键：鼠标右键，相当于 Enter 键，用于结束当前使用的命令，此时系统会根据当前状态弹出不同的快捷菜单

弹出菜单：使用 Shift 键和鼠标右键组合时，系统将弹出一个快捷菜单，设置捕捉点的方法。

2. 使用键盘输入并执行命令

在 AutoCAD 2016 中，大部分的绘图、编辑功能都需要通过键盘和鼠标配合来完成。用户可以通过键盘在"命令行"中输入命令、系统变量、文本对象、数值参数等内容。

3. 使用命令行

可以在"命令行"窗口直接输入命令、对象参数。在命令行中，还可以使用 Backspace 或 Delete 键删除命令行中的文字。

4. 命令的重复、终止和放弃

在 AutoCAD 2016 中，用户在绘制图形时，经常需要使用重复命令和终止命令。

（1）重复命令。用户可以使用以下方式重复执行命令：

重复上一条命令：按 Enter 键或空格键，或者单击鼠标右键，在弹出的快捷菜单中选择"重复"选项。

（2）终止命令。在命令执行过程中，可以随时按 Esc 键终止执行任何命令，因为 Esc 键是 Windows 程序用于取消操作的标准键。

（3）放弃前面所进行的操作。有多种方法可以放弃最近一个或多个操作。

① 直接单击快速访问工具栏中的放弃按钮，单击一次为放弃最近一次命令，如想放弃多次命令，可单击右侧的三角，在弹出的快捷菜单中选择要放弃的命令个数即可，如图 1-32 所示。

如果要恢复放弃的操作，可直接单击快速访问工具栏中的重做按钮，方法与放弃一样。

② 使用命令行：可以使用 UNDO 命令放弃单个或多个操作。在命令提示行中输入 UNDO 命令，然后在命令行中输入要放弃的操作数目。例如，要放弃最近的 5 个操作，应输入 5。AutoCAD 将显示放弃的命令或系统变量设置。

图 1-32　放弃多步操作

执行 UNDO 命令，命令提示行显示如下信息：

当前设置: 自动 = 开，控制 = 全部，合并 = 是
UNDO 输入要放弃的操作数目或　［自动(A)/控制(C)/开始(BE.3)/结束(E)/标记(M)/后退(B)］ <1>:

如果要重做使用 UNDO 命令放弃的最后一个操作，可以使用 REDO 命令。

在 AutoCAD 2016 的命令行中，可以通过输入命令执行相应的菜单命令。输入的命令可以是大写、小写或同时使用大小写，但是不能使用中文的全角字符。

5. 使用系统变量

在 AutoCAD 2016 中，系统变量是用于控制某些功能和设计环境、命令的工作方式，它可以打开或关闭捕捉、栅格或正交等绘图模式，设置默认的填充图案，或存储当前图形和 AutoCAD 配置的有关信息。

系统变量通常是 6 到 10 个字符长的缩写名称。许多系统变量有简单的开关设置。例如 MIRRTEXT 系统变量用来控制文字对象镜像的方向，当在命令行的"输入 MIRRTEXT 的新值<1>:"提示下输入 0 时，文字对象方向不镜像。

可以通过直接在命令提示下输入系统变量名来检查任意系统变量和修改任意可写的系统变量，许多系统变量还可以通过对话框选项访问。

6. 命令的重复、终止和放弃

在 AutoCAD 2016 中，用户在绘制图形时，经常需要使用重复命令和终止命令。

（1）重复命令。用户可以使用以下方式重复执行命令：

重复上一条命令：按 Enter 键或空格键，或者单击鼠标右键，在弹出的快捷菜单中选择"重复"选项。

重复最近执行 6 个命令之一：在命令行窗口或 AutoCAD 文本窗口中单击鼠标右键，在弹出的快捷菜单中选择"近期使用的命令"菜单标题中的菜单命令，即可执行最近执行过的命令。

多次重复执行同一个命令：在命令提示下输入 MULTIPLE 命令，然后在命令行的"输入要重复的命令名："提示下输入需要重复执行的命令，AutoCAD 将重复执行该命令，直到按 Esc 键为止。

（2）终止命令。在命令执行过程中，可以随时按 Esc 键终止执行任何命令，因为 Esc 键是 Windows 程序用于取消操作的标准键。

（3）放弃前面所进行的操作。有多种方法可以放弃最近一个或多个操作，最简单的就是使用 UNDO 命令来放弃单个操作，也可以一次放弃前面进行的多步操作。在命令提示行中输入 UNDO 命令，然后在命令行中输入要放弃的操作数目。例如，要放弃最近的 5 个操作，应输入 5。AutoCAD 将显示放弃的命令或系统变量设置。

执行 UNDO 命令，命令提示行显示如下信息：

undo 当前设置: 自动 = 开，控制 = 全部，合并 = 是

输入要放弃的操作数目或 ［自动(A)/控制(C)/开始(BE)/结束(E)/标记(M)/后退(B)］ <1>:

如果要重做使用 UNDO 命令放弃的最后一个操作，可以使用 REDO 命令。

在 AutoCAD 2016 的命令行中，可以通过输入命令执行相应的菜单命令。输入的命令可以是大写、小写或同时使用大小写，但是不能使用中文的全角字符。

1.5 绘图辅助工具

AutoCAD 2016 提供了使用的绘图辅助工具，包括"栅格显示"、"捕捉模式"、"推断约束"、"动态约束"、"正交模式"、"极轴追踪"、"等轴测草图"、"对象捕捉追踪"、"对象捕捉"、"显示/隐藏线宽"、"选择循环"、"三维对象捕捉"、"动态 UCS"、"注释可见性"、"自动缩放"、"注释比例"、"切换工作空间"、"注释监视器"、"快捷特性"、"硬件加速"、"全屏显示"等工具，如图 1-33 所示。

图 1-33　状态栏中的绘图辅助工具

1.5.1　栅格和捕捉

在某些情况下，启用捕捉模式可有助于根据设定的捕捉参数进行点的选择，而"栅格显示"有助于形象化显示距离。但是启动捕捉模式和栅格显示模式进行绘图也有不便之处，就是移动鼠标受到了一定的约束。

在状态栏中单击"栅格显示"按钮██或者直接按<F7>键，可以启动或者关闭图形栅格模式。

图 1-34　设置捕捉和栅格参数

在状态栏中单击"捕捉模式"按钮██或者直接按<F9>键，可以启动或者关闭图形栅格模式。

"捕捉和栅格"的参数设置：在下列菜单中选择"工具"→"绘图设置"命令，打开"草图设置"对话框，切换到"捕捉和栅格"选项卡，如图 1-34 所示，进行相关参数的设置。用户也可以在状态栏右击"捕捉模式"按钮██或者"栅格显示"按钮██，从弹出的快捷菜单中选择相应的"设置"命令来打开"草图设置"对话框，进行相关参数的设置。

捕捉间距：控制捕捉位置的不可见矩形栅格，以限制光标仅在指定的 X 和 Y 间隔内移动。

【捕捉 X 轴间距】：指定 X 方向的捕捉间距。间距值必须为正实数。

【捕捉 Y 轴间距】：指定 Y 方向的捕捉间距。间距值必须为正实数。

【X 和 Y 间距相等】：为捕捉间距和栅格间距强制使用同一 X 和 Y 间距值。捕捉间距可以与栅格间距不同。

捕捉类型：设定捕捉样式和捕捉类型。

【栅格捕捉】：设定栅格捕捉类型。如果指定点，光标将沿垂直或水平栅格点进行捕捉。

【矩形捕捉】：将捕捉样式设定为标准"矩形"捕捉模式。当捕捉类型设定为"栅格"并且打开"捕捉"模式时，光标将捕捉矩形捕捉栅格。

【等轴测捕捉】：将捕捉样式设定为"等轴测"捕捉模式。当捕捉类型设定为"栅格"并且打开"捕捉"模式时，光标将捕捉等轴测捕捉栅格。

栅格样式：在二维上下文中设定栅格样式。

【二维模型空间】：将二维模型空间的栅格样式设定为点栅格。

【块编辑器】：将块编辑器的栅格样式设定为点栅格。

【图纸/布局】：将图纸和布局的栅格样式设定为点栅格。

栅格间距：控制栅格的显示，有助于直观显示距离。

【栅格 X 间距】：指定 X 方向上的栅格间距。如果该值为 0，则栅格采用"捕捉 X 轴间距"的数值集。

【栅格 Y 间距】：指定 Y 方向上的栅格间距。如果该值为 0，则栅格采用"捕捉 Y 轴间距"的数值集。

【每条主线的栅格数】：指定主栅格线相对于次栅格线的频率。

栅格行为：控制栅格线的外观。

【自适应栅格】：缩小时，限制栅格密度。

【显示超出界线的栅格】：显示超出 LIMITS 命令指定区域的栅格。

【跟随动态 UCS】：更改栅格平面以跟随动态 UCS 的 XY 平面。

1.5.2　正交

单击状态栏上的"正交"按钮 ⌐ 或 按 F8 键可以开启或关闭正交模式。

在正交模式下，可以将光标限制在水平或垂直方向上移动，以便于精确地创建和修改对象。当创建或移动对象时，可以使用"正交"模式将光标限制在相对于用户坐标系 (UCS) 的水平或垂直方向上。

在绘图和编辑过程中，可以随时打开或关闭"正交"。输入坐标或指定对象捕捉时将忽略"正交"。

注："正交"模式和极轴追踪不能同时打开。打开"正交"将关闭极轴追踪。

1.5.3　极轴追踪

在状态栏上单击"极轴追踪"按钮 ⌀ 或者按<F10>键，可以开启或关闭"极轴追踪"模式。使用极轴追踪，光标将按指定角度进行移动。创建或修改对象时，可以使用"极轴追踪"来显示由指定的极轴角度所定义的临时对齐路径。

在"草图设置"对话框中的"极轴追踪"选项卡中，可以对极轴角、对象捕捉追踪和极轴角测量等进行设置，如图 1-35 所示。

启用极轴追踪(F10)(P)：将光标移动限制为指定的极轴角度。

极轴角设置：设定极轴追踪的对齐角度。

【增量角】：设定用来显示极轴追踪对齐路径的极轴角增量。可以输入任何角度，也可以从列表中选择 90、45、30、22.5、18、15、10 或 5 这些常用角度。

【附加角】：对极轴追踪使用列表中的附

图 1-35　极轴追踪设置

加角度。

注：附加角度是绝对的，而非增量的。

【角度列表】：如果选定"附加角"，将列出可用的附加角度；要添加新的角度，请单击"新建"；要删除现有的角度，请单击"删除"。

【新建】：最多可以添加 10 个附加极轴追踪对齐角度。

【删除】：删除选定的附加角度。

对象捕捉追踪设置：设定对象捕捉追踪选项。

【仅按正交方式追踪】：当对象捕捉追踪打开时，仅显示已获得的对象捕捉点的正交（水平/垂直）对象捕捉追踪路径。

【用所有极轴角设置追踪】：将极轴追踪设置应用于对象捕捉追踪。使用对象捕捉追踪时，光标将从获取的对象捕捉点起沿极轴对齐角度进行追踪。

注：单击状态栏上的"极轴"和"对象捕捉追踪"也可以打开和关闭极轴追踪和对象捕捉追踪。

极轴角测量：设定测量极轴追踪对齐角度的基准。

【绝对】：根据当前用户坐标系（UCS）确定极轴追踪角度。

【相对上一段】：根据上一个绘制线段确定极轴追踪角度。

1.5.4　对象捕捉、三维对象捕捉和对象追踪捕捉

在绘图过程中，经常需要在图形对象上选择某些特征点（如端点、中点、圆心等），此时如果使用系统提供的对象捕捉功能，可快速准确地捕捉到这些点。

设置对象捕捉选项：单击"应用程序按钮 ▲"→"选项"菜单命令，或者选择下拉菜单"工具"→"选项"命令，系统弹出如图 1-36 所示的"选项"对话框，在"绘图"选项卡的"自动捕捉"选项组中，设置"对象捕捉"的相关参数。

图 1-36　选项对话框

"自动捕捉设置"选项组中各项功能如下：

标记(M)：用于设置在自动捕捉到特征点时是否显示捕捉标记。

磁吸(G)：用于设置当将光标移动到离对象足够近的位置时，是否像磁铁一样将光标自动吸到特征点上。

显示自动捕捉工具提示(T)：用于设置在捕捉到特征点时是否提示"对象捕捉"特征点类型名称，如端点、中点、圆心等。

显示自动捕捉靶框(D)：选中该项后，在激活对象捕捉模式下，在捕捉状态时，在十字光标的中心显示一个矩形框——靶框。

颜色(C)...：通过选择下拉列表中的颜色来确定自动捕捉标记的颜色。

自动捕捉标记大小(S)：拖动滑块，可以调节自动捕捉标记的大小。

使用对象捕捉的几种方法

1. 方法一：使用捕捉工具栏命令按钮进行对象捕捉

单击下拉菜单"工具"→"工具栏"→"AutoCAD"→"对象捕捉"，调出"对象捕捉工具栏，如图 1-37 所示。

图 1-37 "对象捕捉"工具栏

绘图中，当系统要求用户指定一个点时（例如选择直线工具后，系统要求指定一个点作为直线的起点），可单击该工具栏中的特征点按钮，再把光标移到到要捕捉对象上的特征点附近，系统会自动捕捉到该特征点。

"对象捕捉"工具栏各按钮的功能如下：

- 临时追踪点：通常与其他对象捕捉功能结合使用，用于创建一个临时追踪参考点，然后绕该点移动光标，即可看到追踪路径，可在某条路径上拾取一点。
- 捕捉自：通常与其他对象捕捉功能结合使用，用于拾取一个与捕捉点有一定偏移量的点。
- 捕捉端点：可捕捉对象的端点，包括圆弧、椭圆弧、多段线段、直线线段、多段线的线段、射线的端点，以及实体及三维面边线的端点。
- 捕捉中点：可捕捉对象的中点，包括圆弧、椭圆弧、多线、直线、多段线的线段、样条曲线、构造线的中点，以及三维实体和面域兑现任意一条边线的中点。
- 捕捉交点：可捕捉两个对象的交点，包括圆弧、圆、椭圆、椭圆弧、多线、直线、多段线、射线、样条曲线、参照线彼此间的交点，还能捕捉面域和曲面边线的交点，但却不能捕捉三维实体的边线的角点。
- 捕捉外观交点：捕捉在三维空间中不相交但在当前视图中看起来可能相交的两个对象的视觉交点。可以捕捉由圆弧、圆、椭圆、椭圆弧、多线、直线、多段线、射线、样条曲线或参照线构成的两个对象的外观交点。

延伸的外观交点意义和操作方法与上面介绍的"延伸交点"基本相同。

- 捕捉延长线（也叫"延伸对象捕捉"）：可捕捉到沿着直线或圆弧的自然延伸线上的点。若要使用这种捕捉，须将光标暂停在某条直线或圆弧的端点片刻，系统将在光标位置添加一个小小的加号（+），以指出该直线或圆弧已被选为延伸线，然后在沿着直线或圆弧的自然延伸路径移动光标时，系统将显示延伸路径。
- 捕捉圆心：捕捉弧对象的圆心，包括圆弧、圆、椭圆、椭圆弧或多段线弧段的圆心。
- 捕捉象限点：可捕捉圆弧、圆、椭圆、椭圆弧或多段线弧段的象限点，象限点可以想像为将当前坐标系平移至对象圆心处时，对象与坐标系正 X 轴、负 X 轴、正 Y 轴、负 Y 轴等四个轴的交点。
- 捕捉切点：捕捉对象上的切点。在绘制一个图元时，利用此功能，可使要绘制的图元与另一个图元相切。当选择圆弧、圆或多段线弧段作为相切直线的起点时，系统将自动启用延伸相切捕捉模式。

注意：延伸相切捕捉模式不可用于椭圆或样条曲线。

- 捕捉垂足：捕捉两个相垂直对象的交点。当将圆弧、圆、多线、直线、多段线、参照线或三维实体边线作为绘制垂线的第一个捕捉点的参照时，系统将自动启用延伸垂足捕捉模式。
- 捕捉平行线：用于创建与现有直线段平行的直线段（包括直线或多段线线段）。使用该功能时，可先绘制一条直线 A，在绘制要与直线 A 平行的另一直线 B 时，先指定直线 B 的第一个点，然后单击该捕捉按钮，接着将鼠标光标暂停在现有的直线段 A 上片刻，系统便在直线 A 上显示平行线符号，在光标处显示"平行"提示，绕着直线 B 的第一点转动"皮筋线"，当转到与直线 A 平行方向时，系统显示临时的平行线路径，在平行线路径上某点处单击指定直线 B 的第二点。
- 捕捉插入点：捕捉属性、形、块或文本对象的插入点。
- 捕捉节点：可捕捉点对象，此功能对于捕捉用 DIVIDE 和 MEASURE 命令插入的点对象特别有用。
- 捕捉最近点：捕捉在一个对象上离光标最近的点。
- 无捕捉：不使用任何对象捕捉模式，即暂时关闭对象捕捉模式。
- 对象捕捉设置：单击该按钮，将弹出"草绘设置"对话框中的"对象捕捉"选项卡图。

2. 方法二：使用自动捕捉功能进行对象捕捉

为提高绘图效率，AutoCAD 2016 系统提供了对象捕捉的自动模式。

在状态栏中单击"对象捕捉"按钮▦或者按<F3>键,即可打开或关闭"对象捕捉"模式。对象捕捉提供了一种方式，可在每次系统提示用户在命令内输入点时，在对象上指定精确位置。

例如，使用对象捕捉可以创建从圆心到另一条直线中点的直线，如图 1-38 所示。

无论何时提示输入点，都可以指定对象捕捉。默认情况下，当光标移到对象的对象捕捉位置时，将显示标记和工具提示。此功能称为自动捕捉，提供了视觉确认，指示哪个对象捕捉正在使用。

在"草图设置"对话框中的"对象捕捉"选项卡中，可以进行对象捕捉设置，如图 1-39

所示。

图 1-38　利用对象捕捉绘图

图 1-39　对象捕捉设置

启用对象捕捉：控制所有指定的对象捕捉处于打开状态还是关闭状态。

启用对象捕捉追踪：使用对象捕捉追踪，在命令中指定点时，光标可以沿基于当前对象捕捉模式的对齐路径进行追踪。

对象捕捉模式：列出可以在执行对象捕捉时打开的对象捕捉模式。

【端点】：捕捉到几何对象的最近端点或角点，如图 1-40 所示。

【中点】：捕捉到几何对象的中点，如图 1-41 所示。

【中心点】：捕捉到圆弧、圆、椭圆或椭圆弧的中心点，如图 1-42 所示。

图 1-40　端点捕捉　　　　　图 1-41　中点捕捉　　　　　图 1-42　中心点捕捉

【几何中心】：捕捉到任意闭合多段线和样条曲线的质心，如图 1-43 所示。

【节点】：捕捉到点对象、标注定义点或标注文字原点，如图 1-44 所示。

【象限】：捕捉到圆弧、圆、椭圆或椭圆弧的象限点，如图 1-45 所示。

图 1-43　几何中心捕捉　　　　图 1-44　节点捕捉　　　　图 1-45　象限捕捉

【交点】：捕捉到几何对象的交点，如图 1-46 所示。

【延伸】：当光标经过对象的端点时，显示临时延长线或圆弧，以便用户在延长线或圆弧上指定点，如图 1-47 所示。

【插入点】：捕捉到对象（如属性、块或文字）的插入点。

【垂足】：捕捉到垂直于选定几何对象的点，如图 1-48 所示。

图 1-46　交点捕捉　　　图 1-47　延伸捕捉　　　　　图 1-48　垂足捕捉

当正在绘制的对象需要捕捉多个垂足时，将自动打开"递延垂足"捕捉模式。可以使用对象（如直线、圆弧、圆、多段线、射线、参照线、多行或三维实体的边）作为绘制垂直线的基础对象。可以用"递延垂足"在这些对象之间绘制垂直线。当光标经过"递延垂足"捕捉点时，将显示自动捕捉工具提示和标记。

【切点】：捕捉到圆弧、圆、椭圆、椭圆弧、多段线圆弧或样条曲线的切点，如图 1-49所示。

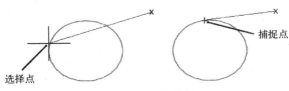

图 1-49　切点捕捉

当正在绘制的对象需要捕捉多个垂足时，将自动打开"递延垂足"捕捉模式。可以使用它来绘制与圆弧、多段线圆弧或圆相切的直线或构造线。当光标经过"递延切点"捕捉点时，将显示标记和自动捕捉工具提示。

【最近点】：捕捉到对象（如圆弧、圆、椭圆、椭圆弧、直线、点、多段线、射线、样条曲线或构造线）的最近点。

【外观交点】：捕捉在三维空间中不相交但在当前视图中看起来可能相交的两个对象的视觉交点。

【平行】：可以通过悬停光标来约束新建的直线段、多段线线段、射线或构造线以使其与标识的现有线性对象平行。

指定线性对象的第一点后，请指定平行对象捕捉。与在其他对象捕捉模式中不同，用户可以将光标和悬停移至其他线性对象，直到获得角度。然后，将光标移回正在创建的对象。如果对象的路径与上一个线性对象平行，则会显示对齐路径，用户可将其用于创建平行对象。

全部选择：打开所有执行对象捕捉模式。

全部清除：关闭所有执行对象捕捉模式。

在状态栏上单击"三维对象捕捉"按钮 或按<F4>键，即可开启或关闭三维对象捕捉模式。

在"草图设置"对话框中的"三维对象捕捉"选项卡中，可以进行对象捕捉设置，如图 1-50 所示。

图 1-50　三维对象捕捉设置

在状态栏中单击"对象追踪"按钮■■或按<F11>键，即可开启或关闭"对象捕捉追踪"模式。从对象捕捉点沿着垂直对齐路径和水平对齐路径追踪光标。"对象捕捉追踪"模式通常和"对象捕捉"模式一起使用。

1.5.5 动态输入

动态输入在绘图区域中的光标附近提供命令界面。

动态工具提示提供另外一种方法来输入命令。当动态输入处于启用状态时，工具提示将在光标附近动态显示更新信息。当命令正在运行时，可以在工具提示文本框中指定选项和值。

单击状态栏上的动态输入按钮（■ 查找）以打开和关闭动态输入。动态输入有三个组件：光标（指针）输入、标注输入和动态提示。在"动态输入"按钮上单击鼠标右键，然后单击"设置"，以控制启用"动态输入"时每个组件所显示的内容，如图 1-51 所示。

图 1-51 动态输入选项卡

1.5.6 显示/隐藏线宽

在状态栏中单击"线宽"按钮■可以显示或隐藏线宽。若设置线宽的相关参数可右击"线宽"按钮■，在弹出的快捷菜单中选择"线宽设置"命令，弹出如图 1-52 所示的"线宽设置"对话框，即可在该对话框中设置当前线宽、线宽单位，控制线宽的显示和显示比例，以及设置层的默认线宽值。

图 1-52 线宽设置对话框

1.5.7 自定义状态栏

单击状态栏右侧的自定义按钮，在弹出的菜单中可以选择或取消各功能在状态栏的显示，如图 1-53 所示。

图 1-53 自定义状态栏

第 2 章　基本二维图形绘制

知识目标

熟练使用"绘图"功能区面板和"绘图"功能区面板中的工具按钮。

技能目标

绘制简单二维基本图形，如：直线、射线、构造线、圆、圆弧、椭圆、椭圆弧、圆环、点、矩形和正多边形等；熟练使用"对象捕捉"功能，捕捉对象的特征点，如交点、端点、圆心、切点、象限点等。

绘图是 AutoCAD 2016 的主要功能，也是最基本的功能，它们是整个 AutoCAD 2016 的绘图基础。因此，只有熟练地掌握二维平面图形的绘制方法和技巧，才能够熟练地绘制出复杂的平面图形。

2.1　坐标

AutoCAD 2016 使用笛卡尔坐标系。当绘制二维图形时，笛卡尔坐标系用两个正交的轴（X 轴和 Y 轴）来确定平面中的点，坐标系的原点在两个轴交点。如果需要确定一个点，则需要指定改点的 X 坐标值和 Y 坐标值，X 坐标值是该点在 X 轴方向上到原点的距离，Y 坐标值是该点在 Y 轴方向上到原点的距离。坐标值分正、负，正、负 X 坐标值分别位于 Y 轴的右边和左边，正、负 Y 坐标值分别位于 X 轴的上边和下边。当工作于三维空间时，还要指定 Z 轴的值。

平面直角坐标、极坐标和坐标点的输入

在 AutoCAD 2016 中，坐标系的原点（0，0）位于绘图区左下方，所有的坐标点都和原点有关，在绘图过程中，可以用四种不同形式的坐标来指定点的位置。

1. 绝对直角坐标系

绝对直角坐标系是用当前点与原点（0，0）在 X 方向和 Y 方向上的距离表示的，其形式是用逗号分开的两个数字，如（5,10），表示该点与原点在 X 方向的距离为 5，在 Y 方向上的距离为 10，如图 2-1 所示。

2. 相对直角坐标

相对直角坐标使用与前一点的相对位置来定义当前点的位置，其形式是先输入一个@符号，然后输入与前一个点在 X 轴和 Y 轴方向的距离，并用逗号隔开。如（@5,10），表示该点相对于前一点在 X 轴上的距离为 5，在 Y 轴上的距离为 10，如图 2-2 所示。

注：相对坐标中，当 X 值为正时，表明当前点在前一点之右，当 X 值为负时，表明当前点在前一点之左；当 Y 值为正时，表明当前点在前一点之上，当 Y 值为负时，表明当前点在前一点之下。

3．绝对极坐标

绝对坐标是用当前点与原点的距离，当前点和原点的连线与 X 轴的夹角（夹角是指以 X 轴正方向为 0°，沿逆时针方向旋转的角度），来表达点坐标的方式。其表示形式为输入一个距离值、一个小于号和一个角度。如：50<30，表示该点到原点距离为 50，与原点连线和 X 轴的夹角为30°，如图 2-3 所示。

4．相对极坐标

相对极坐标是通过指定与前一点的距离和一个角度定义一点，其形式为先输入@符号、一个距离值、一个小于号和角度值来表示。如：@50<30，表示当前点与前一点的距离为 50，与 X 轴夹角为30°，如图 2-4 所示。

图 2-1　绝对直角坐标　　图 2-2　相对直角坐标　　　图 2-3　绝对极坐标　　　　图 2-4　相对极坐标

2.2　执行绘图命令的途径

为了满足不同用户的需要，使操作更加灵活方便，AutoCAD 2016 提供了多种方法来实现相同的功能。例如，可以使用"绘图"面板、"绘图"下拉菜单、"绘图"工具栏、绘图命令等方法来绘制基本图形对象。

1．使用"绘图"面板

选择功能选项卡中的"默认"选项，左边第一个功能面板就是"绘图"面板，如图 2-5 所示。

2．使用"绘图"下拉菜单

"绘图"下拉菜单是绘制图形最基本、最常用的方法，其中包含了 AutoCAD 2016 的全部绘图命令，如图 2-6 所示。

3．使用"绘图"工具栏

AutoCAD 2016 默认情况下，系统没有把"绘图"工具栏显示出来，调出"绘图"工具栏的方法为：单击"工具"下拉菜单→"AutoCAD"→"工具栏"→勾选"绘图"选项（如图 2-7 所示），即可调出如图 2-8 所示的"绘图"工具栏。

图 2-5 "绘图"面板　　　　图 2-6 "绘图"下拉菜单　　　　图 2-7 显示"绘图"工具栏

图 2-8 "绘图"工具栏

"绘图"工具栏中的每个工具按钮都与"绘图"菜单中绘图命令对应，鼠标左键单击按钮即可执行相应的绘图命令。

4．使用绘图命令

使用绘图命令也可以绘制基本的二维图形，在命令提示行中输入绘图命令，按 Enter 键，并根据命令行的提示信息进行绘图操作。这种方法快捷，准确性高，但要求掌握绘图命令及其选择项的具体功能。

2.3　绘制直线类对象

直线是图形中最基本的图形元素。射线为一端固定，另一端无限延伸的直线，主要用于绘制辅助线。构造线为两端可以无限延伸的直线，没有起点和终点，可以放置在三维空间的任何地方，主要用于绘制辅助线。

2.3.1 绘制直线

LINE 命令／：创建一系列连续的直线段。每条线段都是可以单独进行编辑的直线对象。

（1）选择下拉菜单"绘图"→"直线"命令，或选择"绘图"工具栏中的"直线"按钮，或在"绘图"面板中单击"直线"按钮，AutoCAD 2016 提示：／- LINE 指定第一个点：

（2）通过输入坐标值或使用鼠标捕捉，可以指定直线的第一点，指定第一点后，"命令行"中提示如下：／- LINE 指定下一点或 [放弃(U)]：

（3）可以利用绝对坐标、相对坐标或工具点捕捉来指定直线的终点，或利用鼠标在屏幕上任意指定直线的终点。"命令行"会再一次重复提示：／- LINE 指定下一点或 [放弃(U)]：

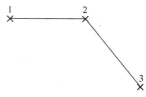

这样可以重复输入点绘制一系列连续的直线，如图 2-9 所示。

图 2-9 绘制连续的直线段

【指定第一个点】：设置直线的起点。单击点位置。启用对象捕捉或栅格捕捉后，将准确放置点。还可以输入坐标。如果不是这种情况，则在命令提示下按 Enter 键，之后一条新的直线将从最近创建的直线、多段线或圆弧的端点处开始。如果最近创建的对象是一条圆弧，则它的端点将定义为该直线的起点。该直线与此圆弧相切。

【指定下一个点】：指定直线段的端点。也可以使用极轴追踪和对象捕捉追踪以及直接距离输入，如图 2-10 所示。

图 2-10 指定直线下一点的方式

【合闭】：连接第一条和最后一条线段。连续输入 3 个点后，"命令行"中提示：／- LINE 指定下一点或 [闭合(C) 放弃(U)]：这时输入命令 C，则使输入的直线的第一点与最后一点自动重合，生成一个首尾相接封闭的图形，如图 2-11 所示。

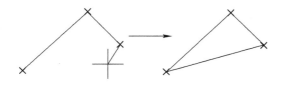

图 2-11 利用"合闭"封闭直线链

【放弃】：删除直线序列中最近创建的线段。

2.3.2 直线段练习

利用"直线"工具绘制图 2-12 所示的图形。

1. 方法一：利用点的绝对或相对直角坐标绘制

（1）单击"默认"选项卡→"绘图"面板→直线按钮，"命令行"提示：

⌐ **LINE** 指定第一个点：

（2）在英文输入状态下，在命令行中输入 80,100，并回车，画得点 A。

（3）在命令行中输入"@12,0"，画得点 B。

（4）在命令行中输入"@0,10"，画得点 C。

（5）在命令行中输入"@16,0"，画得点 D。

（6）在命令行中输入"@0,6"，画得点 E。

（7）在命令行中输入"@-28,0"，画得点 F。

（8）在命令行中输入 C 并回车，完成绘制。

2. 方法二：利用"正交"、"对象捕捉"和"对象捕捉追踪"绘制

（1）单击状态栏的"正交"按钮，打开"正交"模式；单击"对象捕捉"按钮，打开"对象捕捉"模式；单击"对象捕捉追踪"按钮，打开"对象捕捉追踪"模式。

（2）单击"默认"选项卡→"绘图"面板→直线按钮，"命令行"提示：

⌐ **LINE** 指定第一个点：

（3）在英文输入状态下，在命令行中输入 80,100，并回车，画得点 A。

（4）将光标拖动到 A 点右侧，在命令行中输入 12，并回车，画得点 B。

（5）将光标拖动到 B 点上方，在命令行中输入 10，并回车，画得点 C。

（6）将光标拖动到 C 点右侧，在命令行中输入 16，并回车，画得点 D。

（7）将光标拖动到 D 点上方，在命令行中输入 6，并回车，画得点 E。

（8）将光标拖动到 A 点并捕捉到 A 点，再次拖动光标即可追踪到与 A 平齐的竖直参考线（如图 2-13 所示），单击鼠标即可获得点 F。

图 2-12 输入点的绝对或相对直角坐标画线

图 2-13 "对象捕捉追踪"绘制直线

（9）将光标拖动到 A 点并捕捉到 A 点，单击鼠标左键，并回车，完成绘制。

2.3.3 绘制射线

选择下拉"绘图"→"射线"命令；或在"绘图"面板中单击"射线"按钮，指定射线的起点后，在 ↗ `RAY _ray 指定起点`:提示下指定多个通过点，绘制以起点为端点的多条射线，直到按 Esc 键或 Enter 键退出为止。

2.3.4　绘制构造线

构造线对于创建构造线和参照线以及修剪边界十分有用。

（1）选择下拉菜单"绘图"→"构造线"命令；或选择"绘图"工具栏中的"构造线"按钮，或在"绘图"面板中单击"构造线"按钮 ↗，此时命令行将提示如下信息：

↗ XLINE 指定点或[水平(H)垂直(V)角度(A)二等分(B)偏移(O)]:

（2）根据需要选择合适的命令。

"指定点"选项：用无限长直线所通过的两点定义构造线的位置。将创建通过指定点的构造线，如图 2-14 所示。

"水平(H)"选项：创建一条通过选定点的水平参照线。将创建平行于 X 轴的构造线，如图 2-15 所示。

图 2-14　"指定点"绘制构造线

图 2-15　"水平"绘制构造线

"垂直(V)"选项：创建一条通过选定点的垂直参照线。将创建平行于 Y 轴的构造线，如图 2-16 所示。

"角度(A)"选项：以指定的角度创建一条参照线。如图 2-17 所示。

图 2-16　"垂直"绘制构造线

图 2-17　"角度"绘制构造线

【构造线角度】：指定放置直线的角度。

【参照】：指定与选定参照线之间的夹角。此角度从参照线开始按逆时针方向测量。

"二等分(B)"选项：创建一条参照线，它经过选定的角顶点，并且将选定的两条线之间的夹角平分，如图 2-18 所示。

此构造线位于由三个点确定的平面中。

"偏移(O)"选项：创建平行于另一个对象的参照线，如图 2-19 所示。

图 2-18　"二等分"绘制构造线

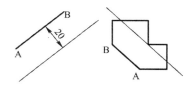

图 2-19　"偏移"绘制构造线

【偏移距离】：指定构造线偏离选定对象的距离。

【通过】：创建从一条直线偏移并通过指定点的构造线。

2.4 绘制圆弧类对象

AutoCAD 2016 中提供了丰富的绘制曲线功能，圆、圆弧、椭圆和椭圆弧都属于曲线对象，其绘制方法相对线性对象要复杂一些，方法也比较多。

2.4.1 绘制圆

圆是 AutoCAD 中常用的一种对象。AutoCAD 2016 中提供了如图 2-20 所示的 6 种圆的绘制方式："指定圆心和半径（系统默认方式）"、"圆心和直径"、"两点"、"三点"、"相切、相切、半径"、"相切、相切、相切"。

图 2-20　圆的绘制方式

1. 用指定圆心和半径的方法绘制圆

（1）在"绘图"面板中单击"圆"→"圆心，半径"按钮 ⊙圆心，半径 ；或在"绘图"工具栏中，单击"圆"→"圆心，半径"按钮；或者选择下拉菜单"绘图"→"圆"→"圆心，半径"命令。AutoCAD 2016 提示如下：

⊙·CIRCLE 指定圆的圆心或[三点(3P) 两点(2P) 切点、切点、半径(T)]：

（2）指定圆心位置。通过输入坐标或捕捉工具点，指定圆心位置后，橡皮筋线将从圆心延伸到光标位置，屏幕上将显示一个圆。随着光标的移动，圆的尺寸相应地改变。AutoCAD 2016 提示：

⊙·CIRCLE 指定圆的半径或[直径(D)]：

（3）通过指定半径的端点或输入半径的值，按 Enter 键确定圆的半径。AutoCAD 2016 将绘制一个圆（如图 2-21 所示）并结束绘制"圆"命令。

2. 用指定圆心和直径的方法绘制圆

（1）在"绘图"面板中单击"圆"→"圆心，直径"按钮 ⊘圆心，直径 ；或在"绘图"工具栏中，单击"圆"→"圆心，半径"按钮；或者选择下拉菜单"绘图"→"圆"→"圆心，半径"命令。

（2）选择圆心位置点（如点 A），选择另一位置点（如点 B）或在命令行中直接输入直径值以确定圆的直径，如图 2-22 所示。

3．用两点法绘制圆

（1）在"绘图"面板中单击"圆"→"两点"按钮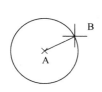；或者选择下拉菜单"绘图"→"圆"→"两点"命令。

（2）分别选择第一位置点（如点 A）、第二位置点（如点 B），则生成以 AB 为直径的圆，如图 2-23 所示。

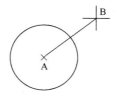

图 2-21　圆心、半径法绘制圆　　图 2-22　圆心、直径径法绘制圆　　图 2-23　两点法绘制圆

4．基于圆周上的三点绘制圆

（1）在"绘图"面板中单击"圆"→"三点"按钮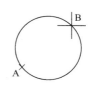；或选择下拉菜单"绘图"→"圆"→"三点"命令。

（2）依次选择第一位置点 A、第二位置点 B、第三位置点 C，如图 2-24 所示。

5．指定两个相切对象和半径绘制圆

（1）在"绘图"面板中单击"圆"→"相切、相切、半径"按钮；或选择下拉菜单"绘图"→"圆"→"相切、相切、半径"命令。

（2）在参考圆 1 上的某一点（如 A 点）处单击，以确定第一个相切点；在参考圆 2 上的某一点（如 B 点）处单击，以确定第二个相切点。

（3）输入半径值，则自动生成圆，如图 2-25 所示。

图 2-24　三点法绘制圆　　　　图 2-25　指定两相切对象和半径绘制圆

6．指定三个相切对象绘制圆

（1）在"绘图"面板中单击"圆"→"相切、相切、相切"按钮；或选择下拉菜单"绘图"→"圆"→"相切、相切、相切"命令。

图 2-26　指定三个相切对象绘制圆

（2）依次选择三个相切对象，则生成与三个对象或其延长线相切的圆，如图 2-26 所示。

2.4.2　绘制圆弧

圆弧是圆的一部分，AutoCAD 2016 提供了 11 种圆弧的绘制方法，如图 2-27 所示。绘制圆弧的默认方法是指定 3 个点：起点、圆弧上一点和端点来进行绘制。

图 2-27　圆弧绘制方法

1．用三点绘制圆弧

（1）在"绘图"面板中单击"圆弧"→"三点"按钮 ；或选择下拉菜单"绘图"→"圆弧"→"三点"命令。

（2）在命令行 ARC 指定圆弧的起点或 [圆心（C）]：的提示下，指定圆弧的第一点 A。

（3）在命令行 ARC 指定圆弧的第二个点或 [圆心（C） 端点（E）]：的提示下，指定圆弧的第二点 B。

（4）在命令行 ARC 指定圆弧的端点：的提示下，指定圆弧的第三点 C，生成如图 2-28 所示圆弧。

① 在"绘图"面板中单击"圆弧"→"起点，圆心，端点"按钮 ；或选择下拉菜单"绘图"→"圆弧"→"起点，圆心，端点"命令。

② 分别选择圆弧的起点 A，圆心 C 和端点 B。生成如图 2-29 所示的圆弧。

图 2-28　三点法绘制圆弧

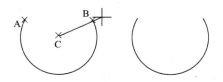

图 2-29　"起点，圆心，端点"绘制圆弧

2．用起点、圆心和包含角绘制圆弧

（1）在"绘图"面板中单击"圆弧"→"起点，圆心，角度"按钮 起点,圆心,角度；或选择下拉菜单"绘图"→"圆弧"→"起点，圆心，角度"命令。

（2）分别选取圆弧的起点 A 和圆心 C。

（3）在命令行中输入包含角度值（如 120）并按 Enter 键，完成圆弧绘制，如图 2-30 所示。

注：当输入的角度值为正值时，将沿逆时针方向绘制圆弧。当输入的角度值为负值时，将沿顺时针方向绘制圆弧。

3．用起点、圆心和弦长绘制圆弧

（1）在"绘图"面板中单击"圆弧"→"起点，圆心，长度"按钮 起点,圆心,角度；或选择下拉菜单"绘图"→"圆弧"→"起点，圆心，长度"命令。

（2）分别选取圆弧的起点 A 和圆心 C。

（3）在命令行中输入包含角度值（如 100）并按 Enter 键，完成圆弧绘制，如图 2-31 所示。

注：当输入的弦长为正值时，将沿逆时针方向绘制劣弧。当输入的弦长为负值时，将沿逆时针方向绘制优弧，如图 2-32 所示。

图 2-30　起点，圆心，角度

图 2-31　起点，圆心，长度

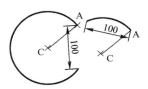
图 2-32　优弧和劣弧

4．用起点、端点和包含角绘制圆弧

（1）在"绘图"面板中单击"圆弧"→"起点，端点，角度"按钮 起点,圆心,角度；或选择下拉菜单"绘图"→"圆弧"→"起点，端点，角度"命令。

（2）分别选取圆弧的起点 A 和端点 B。

（3）在命令行中输入包含角度值（如 100）并按 Enter 键，完成圆弧绘制，如图 2-33 所示。

5．用起点、端点和起点处的切线方向绘制圆弧

（1）在"绘图"面板中单击"圆弧"→"起点，端点，方向"按钮 起点,端点,方向；或选择下拉菜单"绘图"→"圆弧"→"起点，端点，方向"命令。

（2）分别选取圆弧的起点 A 和端点 B；移动光标，就会出现圆弧及圆弧在点 A 出的切线，且圆弧的形状随光标的移动而不断变化，拖动光标至某一位置并单击，以确定圆弧在点

A 处的切线方向，完成圆弧绘制，如图 2-34 所示。

图 2-33 起点、端点、角度

图 2-34 起点、端点、方向

6．用起点、端点和半径绘制圆弧

（1）在"绘图"面板中单击"圆弧"→"起点，端点，半径"按钮 ⌒ 起点,端点,半径；或选择下拉菜单"绘图"→"圆弧"→"起点，端点，半径"命令。

（2）分别选取圆弧的起点 A 和端点 B。

（3）在命令行中输入半径值，并按 Enter 键，完成圆弧绘制。

注：输入的半径值为正值时，将以起点开始逆时针绘制一条劣弧；输入的半径值为负值时，将逆时针生成一条劣弧。输入的半径值既不能小于 AB 两点之间距离的一半，也不能大于 AB 两点之间距离的两倍。

7．用圆心、起点和端点绘制圆弧

（1）在"绘图"面板中单击"圆弧"→"圆心，起点，端点"按钮 ⌒ 圆心,起点,端点；或选择下拉菜单"绘图"→"圆弧"→"圆心，起点，端点"命令。

（2）依次选择圆心、起点和端点，完成圆弧绘制。

8．用圆心、起点和角度绘制圆弧

（1）在"绘图"面板中单击"圆弧"→"圆心，起点，角度"按钮 ⌒ 圆心,起点,角度；或选择下拉菜单"绘图"→"圆弧"→"圆心，起点，角度"命令。

（2）依次选择圆心、起点。

（3）在命令行中输入圆弧角度值，并按 Enter 键，完成圆弧绘制。

9．用圆心、起点和长度绘制圆弧

（1）在"绘图"面板中单击"圆弧"→"圆心，起点，长度"按钮 ⌒ 圆心,起点,长度；或选择下拉菜单"绘图"→"圆弧"→"圆心，起点，长度"命令。

（2）依次选择圆心、起点。

（3）在命令行中输入弦长值，并按 Enter 键，完成圆弧绘制。

10．绘制连续的圆弧

绘制与最近生成对象的端点处相切的圆弧。如：

（1）绘制直线段 AB，A 为起点，B 为端点。

（2）在"绘图"面板中单击"圆弧"→"连续"按钮 ⌒ 连续；或选择下拉菜单"绘图"

→"圆弧"→"连续"命令。

（3）系统将自动以 B 点为起点，并与直线段 AB 相切形成圆弧，并随光标的拖动而改变圆弧形状。

（4）选择圆弧端点 D，完成圆弧绘制，如图 2-35 所示。

图 2-35　绘制连续圆弧

2.4.3　绘制椭圆和椭圆弧

1. 绘制椭圆

AutoCAD 提供了基于椭圆圆心和基于椭圆轴和端点两种方式绘制椭圆。

方式一：基于椭圆圆心绘制椭圆。

方法 1：指定圆心、一条半轴的端点及另一条半轴长度来创建椭圆。

（1）在"绘图"面板中单击"椭圆"→"圆心"按钮 ；或选择下拉菜单"绘图"→"椭圆"→"圆心"命令。

（2）在命令命令行 ELLIPSE 指定椭圆的中心点：的提示下，指定椭圆的圆心点 C。

（3）在命令命令行 ELLIPSE 指定轴的端点：的提示下，指定椭圆的轴端点 A。

（4）在命令命令行 ELLIPSE 指定另一条半轴长度或 [旋转(R)]：的提示下，移动光标以调整从圆心到光标处的"皮筋线"长度，并在所需位置点 B 单击鼠标，确定另一半轴长度（也可以在命令行中直接输入长度值），生成椭圆，如图 2-36 所示。

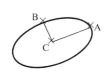

图 2-36　圆心法创建椭圆

方法 2：指定圆心、一条半轴的端点及绕长轴旋转圆来创建椭圆。

（1）在"绘图"面板中单击"椭圆"→"圆心"按钮 ；或选择下拉菜单"绘图"→"椭圆"→"圆心"命令。

（2）在命令命令行 ELLIPSE 指定椭圆的中心点：的提示下，指定椭圆的圆心点 C。

（3）在命令命令行 ELLIPSE 指定轴的端点：的提示下，指定椭圆的轴端点 A。

（4）在命令命令行 ELLIPSE 指定另一条半轴长度或 [旋转(R)]：的提示下，在命令行中输入字母 R，并按 Enter 键。

（5）在命令命令行 ELLIPSE 指定绕长轴旋转的角度：的提示下，移动光标并在所需位置单击以确定椭圆绕长轴旋转的角度（在命令行中直接输入角度值），生成椭圆。

注： 采用旋转方法绘制椭圆，当角度为 0 度时，绘制出一个正圆；旋转角度越大，椭圆的离心率就越大。

方式二：基于椭圆轴和端点绘制椭圆。通过轴和端点定义椭圆是指定第一条轴的两个端点位置及第二条轴的长度来创建椭圆。

方法 1：通过轴端点定义椭圆。

（1）在"绘图"面板中单击"椭圆"→"轴，端点"按钮 ；或选择下拉菜单"绘图"→"椭圆"→"轴，端点"命令。

（2）选择两端点 A 和 B，以确定椭圆第一条轴。

（3）移动光标在适合位置（D 点）单击，以确定另一半轴的长度（也可在命令行中直接

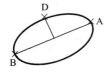

图 2-37 轴和端点法创建椭圆

输入另一半轴的长度值），生成椭圆，如图 2-37 所示。

方法 2：通过轴旋转定义椭圆。

（1）在"绘图"面板中单击"椭圆"→"轴，端点"按钮 ◉轴,端点；或选择下拉菜单"绘图"→"椭圆"→"轴，端点"命令。

（2）选择两端点 A 和 B，以确定椭圆第一条轴。

（3）在命令行中输入字母 R，并按 Enter 键。

（4）移动光标并在适当位置单击，以确定椭圆绕长轴的旋转角度（也可以在命令行中直接输入角度值），生成椭圆。

2．绘制椭圆弧

方法 1：指定起始角度和终止角度绘制椭圆弧。

（1）在"绘图"面板中单击"椭圆"→"椭圆弧"按钮 ◎椭圆弧│；或选择下拉菜单"绘图"→"椭圆"→"椭圆弧"命令。

（2）先绘制一个完整的椭圆。

（3）在命令行 ◎▾ ELLIPSE 指定起点角度或 [参数(P)]： 的提示下，指定椭圆弧起始角度（如 30°），按 Enter 键。

（4）在命令行 ◎▾ ELLIPSE 指定端点角度或 [参数(P) 包含角度(I)]：的提示下，指定椭圆弧终止角度（如 230°），按 Enter 键，生成如图 2-38 所示的椭圆弧。

方法 2：指定起始角度和包含角度绘制椭圆弧。

（1）在"绘图"面板中单击"椭圆"→"椭圆弧"按钮 ◎椭圆弧│；或选择下拉菜单"绘图"→"椭圆"→"椭圆弧"命令。

（2）先绘制一个完整的椭圆。

（3）在命令行 ◎▾ ELLIPSE 指定起点角度或 [参数(P)]： 的提示下，指定椭圆弧起始角度（如 30°），按 Enter 键。

（4）在命令行 ◎▾ ELLIPSE 指定端点角度或 [参数(P) 包含角度(I)]：的提示下，在命令行中输入字母 I，按 Enter 键。

（5）在命令行 ◎▾ ELLIPSE 指定圆弧的包含角度 <180>：的提示下，输入包含角度（如 200°），按 Enter 键，生成如图 2-39 所示的椭圆弧。

图 2-38　终止角度绘制椭圆弧

图 2-39　包含角绘制椭圆弧

2.5　绘制点和多边形

在 AutoCAD 2016 中，点对象可用做捕捉和偏移对象的节点或参考点。可以通过"单点"、"多点"、"定数等分"和"定距等分"4 种方法创建点对象。

2.5.1 绘制点

点的绘制较为简单，系统默认情况下，点对象仅被显示成一个小圆点，但是用户可以选择下拉"格式"→"点样式"命令，弹出"点样式"对话框（如图 2-40 所示）设置点的类型和尺寸。

（1）选择下拉菜单"绘图"→"点"→"单点"命令，可以在绘图窗口中一次指定一个点。

（2）选择下拉菜单"绘图"→"点"→"多点"命令，或者单击"绘图"面板→"多点"按钮，可以在绘图窗口中一次指定多个点，直到按 Esc 键结束。

（3）选择下拉菜单"绘图"→"点"→"定数等分"命令，或者单击"绘图"面板→"定数等分"按钮，可以在指定的对象上绘制等分点或者在等分点处插入块。用户输入的是等分数，而不是放置点的数目。并且该命令每次只能对一个对象操作，而不能对一组对象操作。

（4）选择下拉菜单"绘图"→"点"→"定距等分"命令，或者单击"绘图"面板→"定距等分"按钮，可以在指定的对象上按指定的长度绘制点或者插入块。该命令放置点的起始位置是从离对象选取点较近的端点开始的，当对象总长度不能被所选长度整除时，则最后放置点到对象端点的距离不等于所选长度。

图 2-40 "点样式"对话框

2.5.2 绘制矩形

RECTANGLE 命令是创建矩形的命令，它是用四条封闭的多段线作为矩形的边，通过指定矩形对角点来实现绘制过程的。

选择下拉菜单"绘图"→"矩形"命令，或在"绘图"面板→"矩形"按钮，或在"绘图"工具栏中单击"矩形"按钮，即可根据系统提示绘制出倒角矩形、圆角矩形、有厚度的矩形等多种矩形。

1. 绘制一个普通矩形

方法1：指定两对角点。

（1）选择下拉菜单"绘图"→"矩形"命令，或在"绘图"面板→"矩形"按钮，或在"绘图"工具栏中单击"矩形"按钮。

AutoCAD 2016 提示：RECTANG 指定第一个角点或 [倒角(C) 标高(E) 圆角(F) 厚度(T) 宽度(W)]：

（2）指定矩形的一个角点。一旦指定了第 1 个角点，矩形将从该点延伸到光标位置处。

AutoCAD 2016 提示：RECTANG 指定另一个角点或 [面积(A) 尺寸(D) 旋转(R)]：

（3）指定矩形的对角点。一旦指定矩形的另一个角点，AutoCAD 2016 将绘制该矩形并结束命令。

方法2：指定长度和宽度值。

（1）选择下拉菜单"绘图"→"矩形"命令，或在"绘图"面板→"矩形"按钮，或在"绘图"工具栏中单击"矩形"按钮。

AutoCAD 2016 提示：▱▾ **RECTANG** 指定第一个角点或 [倒角(C) 标高(E) 圆角(F) 厚度(T) 宽度(W)]：

（2）指定矩形的一个角点。一旦指定了第 1 个角点，矩形将从该点延伸到光标位置处。

AutoCAD 2016 提示：▱▾ **RECTANG** 指定另一个角点或 [面积(A) 尺寸(D) 旋转(R)]：

（3）在命令行中输入 D，并按 Enter 键，依次输入长度值和宽度值（如 100，50）。

（4）在命令行 ▱▾ **RECTANG** 指定另一个角点或 [面积(A) 尺寸(D) 旋转(R)]：的提示下，单击鼠标以确定矩形的生成方向。

方法 3：指定面积和长度值（或宽度值）。

（1）选择下拉菜单"绘图"→"矩形"命令，或在"绘图"面板→"矩形"按钮 ▱，或在"绘图"工具栏中单击"矩形"按钮，AutoCAD 2016 提示：

▱▾ **RECTANG** 指定第一个角点或 [倒角(C) 标高(E) 圆角(F) 厚度(T) 宽度(W)]：

（2）指定矩形的一个角点。一旦指定了第 1 个角点，矩形将从该点延伸到光标位置处。

AutoCAD 2016 提示：▱▾ **RECTANG** 指定另一个角点或 [面积(A) 尺寸(D) 旋转(R)]：

（3）命令行中输入 A，并按 Enter 键，输入面积值（如 100）。

（4）在命令行 ▱▾ **RECTANG** 计算矩形标注时依据 [长度(L) 宽度(W)] <长度>：的提示下，输入 L（或者 W），并按 Enter 键，输入长度值（或宽度值如 20），生成矩形。

2. 创建一个倒圆角的矩形

（1）选择下拉菜单"绘图"→"矩形"命令，或在"绘图"面板→"矩形"按钮 ▱，或在"绘图"工具栏中单击"矩形"按钮

AutoCAD 2016 提示：▱▾ **RECTANG** 指定第一个角点或 [倒角(C) 标高(E) 圆角(F) 厚度(T) 宽度(W)]：

（2）输入 F 并按 Enter 键，或单击鼠标右键从弹出的快捷菜单中选择"圆角"选项。

AutoCAD 2016 提示：▱▾ **RECTANG** 指定矩形的圆角半径 <0.0000>：

（3）指定圆角半径时，可以输入具体的值（如 20）并按 Enter 键确定，也可以在图形中指定两个点（半径值即为两点间距离），也可以直接按 Enter 键取上一次操作后默认的值。

AutoCAD 2016 提示：▱▾ **RECTANG** 指定第一个角点或 [倒角(C) 标高(E) 圆角(F) 厚度(T) 宽度(W)]：

（4）其余步骤如创建普通矩形一样，生成如图 2-41 所示矩形。

3. 创建一个倒角的矩形

（1）选择下拉菜单"绘图"→"矩形"命令，或在"绘图"面板→"矩形"按钮 ▱，或在"绘图"工具栏中单击"矩形"按钮

AutoCAD 2016 提示：▱▾ **RECTANG** 指定第一个角点或 [倒角(C) 标高(E) 圆角(F) 厚度(T) 宽度(W)]：

（2）输入 C 并按 Enter 键，或单击鼠标右键从弹出的快捷菜单中选择"圆角"选项。

AutoCAD 2016 提示：▱▾ **RECTANG** 指定矩形的第一个倒角距离 <0.0000>：

（3）输入第一个倒角距离（如 20），并按 Enter 键确定。AutoCAD 2016 提示：

▱▾ **RECTANG** 指定矩形的第二个倒角距离 <20.0000>：

（4）输入第二个倒角距离（如 15），并按 Enter 键确定。AutoCAD 2016 提示：

▱▾ **RECTANG** 指定第一个角点或 [倒角(C) 标高(E) 圆角(F) 厚度(T) 宽度(W)]：

（5）其余步骤同创建普通矩形一样，生成如图 2-42 所示矩形。

图 2-41　倒圆角矩形　　　　　　　图 2-42　倒角矩形

2.5.3　绘制正多边形

在 AutoCAD 2016 中，用户可以使用 PLOYGON 命令绘制边数为 3～1024 的正多边形的封闭的多段线。绘制正多边形默认方式是指定正多边形的中心及从中心点到每个顶点的距离，以便整个多边形位于一个假想的圆中（即为内接正多边形）。另外，也可以绘制一个正多边形，其每条边的中点在一个假想的圆周上（即为外切正多边形），或是用户指定正多边形一条边的起点和端点（即正多边形边长）的方法来绘制正多边形。

1. 绘制内接正多边形：

一个内接正多边形是由多边形的中心点到多边形的顶角点间的距离相等确定的。要绘制一个内接正多边形。基本步骤如下：

（1）选择下拉菜单"绘图"→"正多边形"命令 ⬠，或在"绘图"工具栏中单击"正多边形"按钮，或在"绘图"面板→"正多边形"按钮 ⬠。AutoCAD 2016 提示：

⬠▾ **POLYGON _polygon 输入侧面数 <4>：**

（2）通过输入一个从 3～1024 的数值，确定正多边形的边数（如 5），按 Enter 键确认。AutoCAD 2016 提示：⬠▾ **POLYGON 指定正多边形的中心点或 [边(E)]：**

（3）指定正多边的中心点。

AutoCAD 2016 提示：⬠▾ **POLYGON 输入选项 [内接于圆(I) 外切于圆(C)] <I>：**

（4）输入 I，并按 Enter 健。此时一个橡皮筋正多边形出现，一条直线从正多边形的中心点延伸到光标所在位置作为正多边形的外接圆的半径，移动光标将使正多边形随之改变。AutoCAD 2016 提示如下：⬠▾ **POLYGON 指定圆的半径：**

（5）可以通过键盘直接输入具体数值，也可以通过在图形中指定一个点（半径值即为多边形中心点到指定点间的距离）确定圆的半径。一旦确定了圆的半径，AutoCAD 2016 系统将绘制一个如图 2-43 所示的正多边形并结束命令。

2. 绘制外切正多边形

一个外切正多边形，是由它的中心到其边中点的距离相等确定的。因此，整个多边形外切于一个指定半径的圆。要绘制一个外切正多边形，基本步骤如下：

（1）选择下拉"绘图"→"正多边形"命令 ⬠，或在"绘图"工具栏中单击"正多边形"按钮，或在"绘图"面板→"正多边形"按钮 ⬠。AutoCAD 2016 提示：

⬠▾ **POLYGON _polygon 输入侧面数 <4>：**

（2）通过输入一个从 3～1024 的数值，确定正多边形的边数（如 5），按 Enter 键确认。AutoCAD 2016 提示：⬠▾ **POLYGON 指定正多边形的中心点或 [边(E)]：**

（3）指定正多边的中心点。AutoCAD 提示：

 POLYGON 输入选项 [内接于圆(I) 外切于圆(C)] <I>:

（4）输入 C 并按回车健。此时一个橡皮筋正多边形出现，一条直线从正多边形的中心点延伸到光标所在位置作为正多边形的内切圆的半径，移动光标将使正多边形随之改变。AutoCAD 提示： **POLYGON 指定圆的半径:**

（5）可以通过键盘直接输入具体数值，也可以通过在图形中指定一个点（半径值即为多边形中心点到指定点间的距离）确定圆的半径。一旦确定了圆的半径，AutoCAD 系统将绘制一个如图 2-44 所示的正多边形并结束命令。

图 2-43　内接正多边示意图　　　图 2-44　外切正多边形示意图

<h2>实战演练 2</h2>

演练 2.1　绘制如图 2-45 所示的平面图形。

（1）运行 AutoCAD 2016，设置绘图环境，选择下拉菜单"视图"→"缩放"→"全部"命令，将图纸缩放到整个绘图区。将状态栏的"正交"模式开关打开。

图 2-45　平面图形

（2）选择"绘图"→"直线"（LINE）命令；或选择"默认"功能区→"绘图"面板中的"直线"按钮，在绘图区中央画相互垂直的两条中心线。

（3）将状态栏的"正交"模式开关关闭，打开"极轴捕捉"模式并设置其增量角为 30°，同时开启"对象捕捉"和"对象追踪"模式。

（4）选择"直线"命令，以两条中心线线的交点为端点，分别画两条辅助线，如图 2-46 所示时按下鼠标左键画第一条辅助线。同样方法如图 2-47 所示时，画第二条辅助线线。

图 2-46　绘制左边辅助线　　　　图 2-47　绘制右边辅助线

（5）以两条构造线的交点为圆心，分别画直径为 20、50、80 的圆，如图 2-48 所示。

（6）分别以直径 50 的圆与辅助线的两个交点为圆心，画两个半径为 5 的圆，如图 2-49 所示。

图 2-48　绘制直径为 20、50、80 的 3 个圆

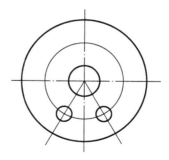

图 2-49　绘制 2 个 R5 的圆

（7）选择下拉菜单"修改"→"修剪"命令或单击"默认"功能区选项板→"修改"面板中的"修改"按钮 ▇。此时，光标变成"方形" □，单击左边辅助线，按"Enter"键或者单鼠标右键完成选择；单击左侧 R5 圆的右侧，完成剪切。同样，完成右侧 R5 圆的剪切，如图 2-50 所示。

（8）单击"默认"功能区选项板→"绘图"面板中的"圆弧"按钮 ▇→"起点、圆心、端点"按钮 ▇，依次选择如图 2-51 中所示的点 A、O、B 为起点、圆心和端点，完成上半圆弧的绘制。以同样方法完成下半圆弧的绘制，生成最终效果，如图 2-52 所示。

图 2-50　修建 R5 圆

图 2-51　绘制上半圆弧

演练 2.2　绘制如图 2-53 所示的平面图形

图 2-52　最终图形

图 2-53　绘制平面图

（1）运行 AutoCAD 2016，设置绘图环境，选择"视图"→"缩放"→"全部"命

令，将图纸缩放到整个绘图区。同时开启状态栏上的"正交"、"对象捕捉"和"对象追踪"模式。

（2）选择"默认"功能选项板→"绘图"面板→"直线"按钮█，在绘图区适当位置单击鼠标，绘制第一个点 A 点。

（3）将光标移至上 A 点的上方，在命令行中输入 44，按"Enter"键，得到 B 点（注：此时应在英文输入状态进行）。

（4）将光标移至 B 点的左方，在命令行中输入 58，按"Enter"键，得到 C 点。

（5）将光标移至 C 点的下方，在命令行中输入 40，按"Enter"键，得到 D 点。

（6）将光标移至 D 点的左方，在命令行中输入 10，按"Enter"键，得到 E 点。

（7）在状态栏开启"极轴捕捉"模式，并将"角增量"设置为 30°。

（8）"极轴捕捉"在如图 2-54 所示位置单击鼠标，按"Enter"键。

（9）在状态栏开启"正交"模式。

（10）选择"直线"工具，捕捉到 A 点并单击鼠标。

（11）将光标移至 A 点的左方，在命令行中输入 12，按"Enter"键，得到 H 点。

（12）将光标移至 H 点的上方，在命令行中输入 22，按"Enter"键，得到 G 点。

（13）如图 2-55 所示，捕捉交点绘制直线，交点即是 F 点。

（14）利用"修剪"工具将 F 点之上多余线段剪除，完成绘制。

图 2-54 "极轴捕捉"绘制直线

图 2-55 "捕捉交点"绘制直线

技能拓展 2

拓展 2.1 绘制图 2-56 所示的平面图形。

拓展 2.2 绘制图 2-57 所示的平面图形。

图 2-56 平面图形

图 2-57 平面图形

第3章　基本图形编辑

知识目标

了解对象选择的常用方式；熟悉图形编辑命令的含义，包括删除对象、复制对象、镜像对象、偏移对象、阵列对象、移动对象、缩放对象、拉伸与拉长对象、修剪对象、延伸对象、打断与合并、倒角与倒圆角、光顺曲线、分解对象、编辑多段线、多线与样条线和使用夹点编辑等知识。

技能目标

熟练掌握对象选择的方法；熟练操作各种常用图形编辑命令。在 AutoCAD 2016 中绘图时，单纯地使用绘图命令或绘图工具，只能创建一些基本的图形对象；而要绘制复杂的图形，在很多情况下就必须借助于图形编辑命令。

3.1　对象的选择

对象的选择顾名思义就是如何选择对象目标。在 AutoCAD 2016 中，正确快捷地选择目标是进行图形编辑的基础。只要进行图形编辑，用户必须准确无误地通知 AutoCAD 将要对图形文件中的哪些对象（或目标）进行操作。

用户选择实体目标后，该实体将成高亮显示，即组成实体的边界轮廓线由原先的线型变成虚线，并在其中部或两端将显示若干个小方框（夹点），十分明显地和那些未被选中的实体区分开来。

对象选择的方法：通过单击对象，或者通过使用窗口或窗交方法来选择对象。

（1）通过单击对象。

（2）通过使用窗口方法来选择对象：从左到右拖动光标以选择完全封闭在选择矩形或套索（窗口选择）中的所有对象。

（3）通过使用窗交方法来选择对象：从右到左拖动光标以选择由选择矩形或套索（窗交选择）相交的所有对象。

注：要指定矩形选择区域，单击并释放鼠标按钮，然后移动光标并再次单击。要创建套索选择，单击、拖动并释放鼠标按钮。

结束选择：按 Enter 键结束对象选择。

取消选择：通过按住 Shift 键并单击单个对象，或跨多个对象拖动，来取消选择对象。按 Esc 键以取消选择所有对象。

3.2 删除对象

在实际设计中，市场要对不需要的图形对象进行删除操作，删除图形对象的操作步骤如下。

（1）在下拉菜单栏中选择"修改"→"删除"命令，或在功能区"默认选项卡的修改面板中单击"删除"按钮，或在"修改"工具栏中单击"删除"按钮。

（2）选择"删除"命令后，AutoCAD 要求用户选择要删除的对象。

（3）然后按 Enter 键或空格键结束对象选择，同时删除已选择的对象。

要删除选定的图形对象，也可以在选择要删除的图形对象后，在绘图区单击右键，从弹出的快捷菜单中选择"删除"命令。此外，也可以使用键盘上的 Delete 键来删除选定的图形对象。

3.3 复制对象

选择下拉菜单"修改"→"复制"命令 ，或在功能区"默认"选项卡的"修改"面板中单击"复制"按钮，或在"修改"工具栏中单击"复制"按钮。

可以根据已有的对象复制出副本，并放置到指定的位置。执行该命令时，首先需要选择对象，命令行显示：

> 当前设置：复制模式 = 单个
> 指定基点或 ［位移(D)/模式(O)/多个(M)］ <位移>:

如果只需创建一个副本，直接指定位移的基点和位移矢量（参考"移动对象"指定位置法和位移法）。如果同时创建多个副本，设置复制模式为多个，选择多个(M)，并指定基点，然后通过连续指定位移的第二点来创建对象的多个副本，直到按 Enter 键结束。

3.4 镜像对象

使用"镜像"工具可以根据已经绘制好的一半图形快速地绘制另一半对称的图形，从而完成整个图形的绘制。

镜像图形对象的步骤如下。

（1）选择下列菜单"修改"→"镜像"命令，或在功能区"默认"选项卡的"修改"面板中单击"镜像"按钮，或在"修改"工具栏中单击"镜像"按钮。

（2）选择要镜像的图形对象，按 Enter 键或空格键或单击鼠标右键，完成镜像对象的选择。

（3）指定镜像直线的第一个点。

（4）指定镜像直线的第二个点。

（5）根据设计情况确定是否删除源对象。

例 3.1 将如图 3-1 所示图形关于中心线镜像完成图形绘制。

解：步骤如下：

（1）单击"镜像"命令：_mirror， ◣▾ MIRROR 选择对象： 。

（2）选择对象。依次选中图中 7 条要镜像的线段，按 Enter 键或空格键或单击鼠标右键完成镜像对象的选择。

（3）命令提示行提示： ◣▾ MIRROR 选择对象： 指定镜像线的第一点： ，选择中心线上端点。

（4）命令提示行提示： ◣▾ MIRROR 指定镜像线的第二点： ，选择中心线下端点。

（5）命令提示行提示： ◣▾ MIRROR 要删除源对象吗？[是(Y) 否(N)] <否>： ，按 Enter 键或空格键或单击鼠标右键完成镜像（不删除源对象），如图 3-2 所示。

图 3-1　"镜像"绘制图形　　　　　　　　图 3-2　镜像后图形

3.5　偏移对象

使用"偏移"工具可以创建与原始对象平行的新对象。通常使用该工具创建平行直线、平行曲线和同心圆等。在实际应用中，常利用"偏移"的特性创建平行线或等距离分布图形。

选择下拉菜单"修改"→"偏移"命令，或在功能区"默认"选项卡的"修改"面板中单击"偏移"按钮，或在"修改"工具栏中单击"偏移"按钮，此时命令提示如下：

当前设置：删除源=否　图层=源　OFFSETGAPTYPE=0

指定偏移距离或　[通过(T)/删除(E)/图层(L)]　<通过>：

各选项功能含义如下：

【指定偏移距离】：选择要偏移复制的对象，然后指定偏移方向，复制出对象。

【通过(T)】：如果在命令行输入 T，再选择要偏移复制的对象，然后指定一个通过点，这时偏移复制的对象将经过通过点。

【删除(E)】：如果在命令行输入 E，命令行将显示：要在偏移后删除源对象吗？[是(Y)/否(N)] <否>：，输入 Y 或 N 确定是否删除源对象。

【图层(L)】：在命令行输入 L，选择要偏移复制的对象的图层。

偏移对象可以创建其形状与选定对象形状平行的新对象。偏移圆或圆弧可以创建更大的或更小的圆或圆弧，这取决于向哪一侧偏移。可以偏移的对象包括直线、圆弧、圆、椭圆和椭圆弧（形成椭圆形样条曲线）。

3.5.1　指定距离来偏移图形对象

（1）选择下拉菜单"修改"→"偏移"命令，或在功能区"默认"选项卡的"修改"面板中单击"偏移"按钮，或在"修改"工具栏中单击"偏移"按钮。

（2）指定偏移距离，可以在命令行输入偏移值或使用定点设备（鼠标）。

（3）选择要偏移的图形对象。

（4）在要放置新对象的一侧单击一点。

（5）选择另一个要偏移的对象继续偏移，或者按 Enter 键或空格键或鼠标右键结束命令。

例 3.2 利用偏移绘制如图 3-3 所示平面图形。

解： 步骤如下：

（1）选择"绘图"→"矩形"命令，或在"绘图"工具栏中单击"矩形"按钮▢，或在功能区选择"默认"选项卡→"绘图"面板→"矩形"按钮▢。

（2）指定矩形第一个角点。

（3）在命令行中输入相对坐标"@44,55"以确定矩形的第二个角点。

（4）选择"偏移"工具，输入偏移距离为 2，按 Enter 或空格键。

（5）选择矩形框，将光标拖到矩形框内单击鼠标（如图 3-4 所示），生成内部矩形框，按 Enter 键结束本次偏移。

（6）开启"正交"、"对象捕捉"、"对象追踪"模式。

（7）选择"直线"工具，将光标拖到内框左下角并捕捉该端点，轻微拖动鼠标，出现如图 3-5 所示的水平追踪线，将光标沿该水平追踪线移至内框左下顶点右侧。

图 3-3 利用偏移绘制平面图形

图 3-4 偏移出内部矩形框

图 3-5 利用追踪绘制直线端点

（8）在命令行中输入 6，按 Enter 键或空格键或鼠标右键，获得直线第一个点，该点与内框左下端点水平并距右侧为 6。

（9）利用捕捉"垂直"获得直线第二个端点，如图 3-6 所示。

（10）利用同样方法绘制如图 3-7 所示的水平直线段。

（11）单击"偏移"工具，输入偏移距离为 9。

（12）选择上面绘制的竖直直线，在其右侧单击鼠标，获得如图 3-8 所示直线。

图 3-6 捕捉垂直绘制直线

图 3-7 绘制水平线

图 3-8 偏移第一条竖直线

（13）再次利用偏移，偏移距离为 6，获得如图 3-9 所示图形。

（14）同样偏移出两条水平线，如图 3-10 所示。

（15）在功能区"默认"选项卡的"修改"面板中单击"打断于点"按钮▣。

（16）利用"打断于点"工具将图 3-11 所示的 1、2、3、4 条线分别打断于 A、B、C、D 点。打断后如图 3-12 所示。

图 3-9　偏移第二条竖直线　　　　图 3-10　偏移两条水平线　　　　图 3-11　打断直线的断点处

（17）选择"镜像"工具，选择打断的左上角两端线关于中间竖直线镜像，并选择删除源文件，如图 3-13 所示。

（18）选择"镜像"工具，选择打断的左下角两端线关于中间水平线镜像，并选择删除源文件，如图 3-14 所示。

图 3-12　打断后图形　　　　　　图 3-13　镜像对象　　　　　　图 3-14　最终效果

3.5.2　通过一点创建偏移对象

（1）选择下拉菜单"修改"→"偏移"命令，或在功能区"默认"选项卡的"修改"面板中单击"偏移"按钮▣，或在"修改"工具栏中单击"偏移"按钮▣。

（2）在命令提示下输入"T"选择"通过点（T）"选项。

（3）选择要偏移的对象。

（4）指定通过的点。

（5）选择另一个要偏移的对象继续偏移，或者按 Enter 键或空格键或鼠标右键结束命令。

3.6　阵列对象

阵列功能可以创建按指定方式排列的多个对象副本。阵列排列模式分为矩形阵列、环形阵列和路径阵列 3 种。

3.6.1 矩形阵列

在 AutoCAD 2016 中，矩形阵列是按任意行、列和层级组合分布对象副本。在二维绘图中只需考虑行和列的相关设置，层数默认为1，行和列的轴相互垂直。

创建矩形阵列的步骤如下：

（1）在功能区"默认"选项卡的"修改"面板中单击"矩形阵列"按钮▦，或在"修改"工具栏上单击"矩形阵列"按钮▦。

（2）选择所需阵列的对象，按 Enter 键或空格键完成选择。

（3）此时，功能区显示出"矩阵创建"选项卡，如图 3-15 所示。

图 3-15　矩形阵列选项卡

选项卡各种选项含义如下：

列：对矩阵的列进行设置。

【列数】：用于指定矩形阵列的列数。

【介于（列间距）】：用于指定矩形阵列的列间距，正值向源对象的右侧分布副本，负值向源对象的左侧分布副本。

【总计】：列的总距离，指定第一列与最后一列之间的总距离，该数值是根据列数和列间距自动计算而得的。

行：对矩阵的行进行设置。

【行数】：用于指定矩形阵列的行数。

【介于（行间距）】：用于指定矩形阵列的行间距，正值向源对象的上侧分布副本，负值向源对象的下侧分布副本。

【总计】：行的总距离，指定第一行与最后一行之间的总距离，该数值是根据行数和行间距自动计算而得的。

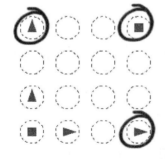

图 3-16　改变行列数

【关联】：用于设置阵列是否关联性。矩阵关联时，源文件和副本包含在单个矩阵对象中，类似于块；非关联时，阵列中的副本将创建为独立的对象，更改其中一个不影响阵列中其他对象。

【基点】：用于重定义阵列的基点。

【关闭】：退出阵列命令。

矩形的行数和列数可以通过上述的"矩形阵列选项卡"来设置，也可以通过拖动矩形阵列右上、左上或右下角的夹点以增加或减少行数或列数，如图 3-16 所示。

例 3.3　利用矩形阵列绘制如图 3-17 所示的平面图形。

解：步骤如下：

（1）打开第 3 章/t3-17.dwg 文件。

（2）在功能区"默认"选项卡的"修改"面板中单击"矩形阵列"按钮▦，或在"修改"工具栏上单击"矩形阵列"按钮▦。

图 3-17 矩形阵列绘制图形

（3）选择圆，按 Enter 键或者空格键或单击鼠标右键，完整阵列源对象的选择。

（4）对在功能区出现的"阵列创建"选项卡进行如图 3-18 所示的相关设置。

图 3-18 小圆阵列参数设置

（5）按 Enter 键或者空格键或单击鼠标右键完成小圆的矩形阵列。

（6）按 Enter 键或者空格键再次进入阵列命令。

（7）选择小矩形，按 Enter 键或者空格键或单击鼠标右键，完整阵列源对象的选择。

（8）对在功能区出现的"阵列创建"选项卡进行如图 3-19 所示的相关设置。

图 3-19 小矩形阵列参数设置

（9）按 Enter 键或者空格键或单击鼠标右键完成小矩形的矩形阵列。

3.6.2 环形阵列

环形阵列是指通过围绕指定的圆心复制选定对象来创建的阵列，即围绕中心点或旋转轴在环形阵列中均匀分布对象副本，如图 3-20 所示。

创建环形阵列的步骤如下：

（1）在功能区"默认"选项卡的"修改"面板中单击"环形阵列"按钮，或在"修改"工具栏上单击"环形阵列"按钮。

（2）选择所需阵列的对象，按 Enter 键或空格键

图 3-20 环形阵列

完成选择。

（3）此时命令窗口显示如下：

类型 = 极轴　关联 = 是

ARRAYPOLAR 指定阵列的中心点或 [基点(B) 旋转轴(A)]：

【中心点】：指定分布阵列项目所围绕的点。旋转轴是当前 UCS 的 Z 轴。

【基点】：指定用于在阵列中放置对象的基点。

【旋转轴】：指定由两个指定点定义的自定义旋转轴。

（4）选择确定中心点之后，功能区出现环形阵列选项卡，如图 3-21 所示。

图 3-21　环形阵列选项卡

【项目数】：用于指定阵列项目数，源项目也计入其中，若项目数为 6，则连同源项目一共是 6 个项目。

【介于】：用于指定项目之间的夹角度数，正值逆时针生成项目副本，负值顺时针生成项目副本。

【填充】：用于指定第一个项目和最后一个项目之间的角度。

（5）按设计要求设置"项目"栏中的"项目数"、"介于"和"填充"，之后按 Enter 键或空格键或鼠标右键，完成环形阵列。

例 3.4　利用环形阵列由图 3-22 所示的左侧图形生成右侧图形。

图 3-22　利用环形阵列绘制图形

解：步骤如下：

（1）打开文件第 3 章/t3-22.dwg。

（2）在功能区"默认"选项卡的"修改"面板中单击"环形阵列"按钮 ▦，或在"修改"工具栏上单击"环形阵列"按钮 ▦。

（3）选择圆 $\phi6$，圆弧 $\phi11$、R3 和中心线，按 Enter 键或空格键或右键完成阵列对象的选择。

（4）拾取 $\phi45$ 的圆心为阵列中心点。

（5）在功能区"阵列"选项卡中的"项目"面板进行如图 3-23 所示参数设置，并关闭"关联性"，按 Enter 或空格键或鼠标右键阵列出右侧的 4 组圆弧，如图 3-24 所示。

（6）再次选择"阵列"命令，选择正上方的圆弧组。

（7）拾取 $\phi45$ 的圆心为阵列中心点。

（8）按图 3-25 所示设置"项目"参数，并关闭"关联性"。

图 3-23　项目参数设置　　　图 3-24　阵列右侧 4 组圆弧　　　图 3-25　项目参数设置

（9）按 Enter 或空格键或鼠标右键完成环形阵列。

3.6.3　路径阵列

路径阵列可以沿路径或部分路径均匀分布对象副本。路径可以是直线、多段线、三维多段线、样条曲线、螺旋、圆弧、圆或椭圆。

路径阵列选项卡如图 3-26 所示。

图 3-26　路径阵列选项卡

【关联】：指定是否创建阵列对象，或者是否创建选定对象的非关联副本。

是：创建单个阵列对象中的阵列项目，类似于块。使用关联阵列，可以通过编辑特性和源对象在整个阵列中快速传递更改。

否：创建阵列项目作为独立对象。更改一个项目不影响其他项目。

【基点】：定义阵列的基点。路径阵列中的项目相对于基点放置。指定用于在相对于路径曲线起点的阵列中放置项目的基点。

【切线方向】：指定阵列中的项目如何相对于路径的起始方向对齐。

两点：指定表示阵列中的项目相对于路径的切线的两个点。两个点的矢量建立阵列中第一个项目的切线。"对齐项目"设置控制阵列中的其他项目是否保持相切或平行方向。

普通：根据路径曲线的起始方向调整第一个项目的 Z 方向。

图 3-27 所示的路径阵列是通过两点来确定切线方向的，并开启了"对齐项目"，使阵列中的所有项目都保持相切方向。

【对齐项目】：指定是否对齐每个项目以与路径的方向相切。对齐相对于第一个项目的方向，如图 3-28 所示。

图 3-27　两点定切线方向

图 3-28　对齐项目效果

【方式】：控制如何沿路径分布项目。

【定数等分】：将指定数量的项目沿路径的长度均匀分布。

【定距等分】：以指定的间隔沿路径分布项目。

【项目】：根据"方法"设置，指定项目数或项目之间的距离。

【沿路径的项目数】：（当"方法"为"定数等分"时可用）使用值或表达式指定阵列中的项目数。

【沿路径的项目之间的距离】：（当"方法"为"定距等分"时可用）使用值或表达式指定阵列中的项目的距离。

默认情况下，使用最大项目数填充阵列，这些项目使用输入的距离填充路径。用户可以指定一个更小的项目数（如果需要），也可以启用"填充整个路径"，以便在路径长度更改时调整项目数。

例 3.5　利用路径阵列由图 3-29 所示的上图完成为下图效果。

解：步骤如下：

（1）打开文件第 3 章/t3-29.dwg。

（2）在功能区"默认"选项卡的"修改"面板中单击"路径阵列"按钮，或在"修改"工具栏上单击"路径阵列"按钮。

（3）选择要阵列的对象，按 Enter 键或空格键或鼠标右键结束选择。

（4）选择路径后，得到如图 3-30 所示图形，并在功能区弹出"创建阵列"选项卡。

图 3-29　路径阵列

图 3-30　路径阵列

（5）单击"创建阵列"选项卡"特性"面板中的"基点"按钮，并选择源对象的角点为基点，生成如图 3-31 所示图形。

（6）单击"创建阵列"选项卡"特性"面板中的"切线方向"按钮，选择源对象下边两端点控制切线方向，并开启"对齐项目"，获得最终效果，如图 3-32 所示。

图 3-31　基点控制路径阵列　　　　　图 3-32　切线方向控制路径阵列

（7）选择"定距等分"，修改"项目"面板中的"介于"数值，以调节阵列密度；也可以通过选择"定数等分"，修改"项目"面板中的"项目数"数值，以调节阵列密度。

（8）若关闭上述（7）中的"定距等分"和"定数等分"，则可通过调整"项目"面板中的"介于"数值和"项目数"数值，以调节阵列密度。

3.7　移动对象

移动对象是指对象的重定位。选择下拉菜单"修改"→"移动"命令，或在功能区"默认"选项卡中的"修改"面板中单击"移动"按钮，或在"修改"工具栏中单击"移动"按钮，可以在指定方向上按指定距离移动对象。使用坐标、栅格捕捉、对象捕捉和其他工具可以精确移动对象。如图 3-33 所示，将圆由直线段左端点移至直线段中点。

（1）旋转"移动"工具。

（2）选择圆。

（3）选择圆心为基点（如图 3-34 所示），以移动圆。

（4）捕捉直线段中点以确定移动后的放置点（如图 3-35 所示），单击鼠标，完成移动。

图 3-33　移动对象　　　　图 3-34　捕捉圆心为基点　　　　图 3-35　捕捉圆心为基点

3.8　旋转对象

通过"旋转"命令可以围绕基点将选定的对象旋转到指定角度。旋转对象步骤如下。

（1）选择下拉菜单"修改"→"旋转"命令，或在功能区"默认"选项卡中的"修改"面板中单击"旋转"按钮，或在"修改"工具栏中单击"旋转"按钮。

（2）选择要旋转的对象（可以依次选择多个对象）。

（3）指定旋转的基点，此时命令行将显示"指定旋转角度或［复制(C)参照(R)]<0>"提示信息，通过选择相对或绝对的旋转角来旋转对象。

【指定旋转角度】：直接输入角度值，指定绝对角度，对象绕基点从当前角度旋转到新的绝对角度；角度为正时按逆时针旋转，角度为负时按顺时针旋转。

【复制(C)】：创建要旋转的选定对象的副本。

【参照(R)】：指定相对角度，将以参照方式旋转对象，需要依次指定参照方向的角度和相对于参照方向的角度。

例 3.6 利用旋转工具将图 3-36 所示的图（a）改为图（b）。

解：步骤如下：

（1）打开文件第 3 章/t3-36。

（2）单击"旋转"工具。

（3）选择全部对象，并单击右键完成对象选择。

（4）拾取左侧圆心为基点（如图 3-37 所示），单击右键完成基点设置。

（5）在命令行中输入 30，按 Enter 键完成旋转。

<table>
<tr><td>（a）</td><td>（b）</td><td></td></tr>
<tr><td colspan="2">图 3-36　旋转</td><td>图 3-37　拾取圆心为基点</td></tr>
</table>

3.9　缩放对象

使用"缩放"命令可以将对象按照统一比例进行放大或缩小。要缩放对象，应指定"基点"和"比例因子"。基点将作为缩放操作的中心，并保持静止；比例因子大于 1 时将放大对象，比例因子介于 0 和 1 之间时将缩小对象。

选择下拉菜单"修改"→"缩放"命令，或在功能区"默认"选项卡中的"修改"面板中单击"缩放"按钮，或在"修改"工具栏中单击"缩放"按钮。

执行该命令时，先选择对象，然后指定基点，命令行显示如下提示：

指定比例因子或 ［复制(C)/参照(R)］ <1   0000>:

【指定比例因子】：直接指定缩放的比例因子，对象将根据该比例因子相对于基点缩放，也可以拖动光标使对象变大或变小。

【参照(R)】：按参照长度和指定的新长度缩放所选对象，需要依次输入参照长度的值和新的长度值，AutoCAD 根据参照长度与新长度的值自动计算比例因子（比例因子=新长度值／参照长度值），然后进行缩放。

【复制】：创建要缩放的选定对象的副本。

3.10　拉伸与拉长对象

在 AutoCAD 2016 中，拉伸和拉长对象是不同的。

1. 拉伸对象

选择下拉菜单"修改"→"拉伸"命令，或在功能区"默认"选项卡中的"修改"面板中单击"拉伸"按钮▣，或在"修改"工具栏中单击"拉伸"按钮▣，就可以移动或拉伸穿过或在交叉选择窗口内的对象的端点。

注：圆、椭圆和块等一些对象不能被拉伸。

拉伸对象时，首先要为拉伸指定一个基点，然后指定位移点，如图 3-38 所示。
例3.7 利用拉伸命令，将图 3-39 由左图图形修改为右图图形。

图 3-38 拉伸对象示意   图 3-39 拉伸对象生成图形

解：步骤如下：
（1）开启状态栏"正交"模式，选择拉伸命令。
（2）如图 3-40 所示，从 1 点到 2 点利用交叉选择的方式选取需要拉伸的对象，单击右键完成选择。
（3）拾取如图 3-41 所示左上端点为拉伸基点。
（4）将光标向上拖移并在命令行中输入 6，按 Enter 键完成左侧部分的拉伸。
（5）同样方法，完成右侧部分的拉伸。

图 3-40 交叉选择拉伸对象   图 3-41 拾取拉伸基点

2. 拉长对象

使用"拉长"命令╱更改对象的长度和圆弧的包含角。

选择下拉菜单"修改"→"拉长"命令，或在功能区"默认"选项卡中的"修改"面板中单击"拉长"按钮╱，在命令提示行中将显示以下提示信息：

╱ ▾ **LENGTHEN** 选择要测量的对象或 [**增量(DE) 百分比(P) 总计(T) 动态(DY)**]

各项选项功能含义如下：

【选择要测量的对象】：在提示下选择要测量的对象后，显示对象的长度和包含角（如果对象有包含角）。

【增量(DE)】：选择此选项，以指定的增量修改对象的长度，该增量从距离选择点最近的端点处开始测量。差值还以指定的增量修改圆弧的角度，该增量从距离选择点最近的端点处开始测量。正值扩展对象，负值修剪对象。

【长度差值】：以指定的增量修改对象的长度，如图 3-42 所示。

【角度】：以指定的角度修改选定圆弧的包含角，如图 3-43 所示。

图 3-42　长度增量示例　　　　　　　图 3-43　角度增量示例

【百分数(P)】：通过指定对象总长度的百分数设定对象长度。

【总计(T)】：通过指定从固定端点测量的总长度的绝对值来设定选定对象的长度。"总计"选项也按照指定的总角度设置选定圆弧的包含角。

【总长度】：将对象从离选择点最近的端点拉长到指定值，如图 3-44 所示。

【角度】：设定选定圆弧的包含角，如图 3-45 所示。

图 3-44　总长度示例　　　　　　　图 3-45　角度示例

【动态】：打开动态拖动模式。通过拖动选定对象的端点之一来更改其长度，其他端点保持不变。

3.11　修剪对象

图 3-46　修剪示例

使用"修剪"命令可以方便地修剪对象。若要修剪对象，首先选择边界，按 Enter 键或鼠标右键结束选择；然后选择要修剪的对象。如图 3-46 所示，先选择 1 和 2 号边作为边界；再选择 3 和 4 号边将其修剪掉。

在 AutoCAD 2016 中，可以作为剪切边的对象有直线、圆弧、圆、椭圆或椭圆弧、多段线、样条曲线、构造线、射线以及文字等。剪切边也可以同时作为被剪边。默认情况下，选择作为修剪边的对象，系统将以剪切边为界，将被剪切对象上位于拾取点侧的部分剪切掉。如果按下 shift 键，同时选择与修剪边不相交的对象，修剪边将变为延伸边界，将选择的对象延伸至与修剪边界相交。

修改步骤如下：

（1）选择下列菜单"修改"→"修剪"命令，或在功能区"默认"选项卡中的"修改"面板中单击"修剪"按钮，或在"修改"工具栏中单击"修剪"按钮，执行该命令。

命令行显示如下信息：

```
选择剪切边...
  TRIM 选择对象或 <全部选择>：
```

（2）选择所需的剪切边，按 Enter 键或鼠标右键结束选择，命令行显示如下信息：

选择要修剪的对象，或按住 Shift 键选择要延伸的对象，或［栏选(F)/窗交(C)/投影(P)/边(E)/删除(R)/放弃(U)］：

该命令提示中其他选项的功能如下：

【投影(P)】：可以指定执行修剪的空间。该选项主要应用于三维空间的修剪，这时可将对象投影到某一平面上执行修剪操作。

【边】：选择该选项时，命令行显示提示信息：

"输入隐含边延伸模式［延伸(E)/不延伸(N)］＜不延伸＞:"

如果选择"延伸(E)"选项，当剪切边太短，没有与被修剪对象相交时，可延伸修剪边进行修剪；如果选择"不延伸(N)"选项，只有当剪切边与被修剪对象真正相交时，才能进行修剪。

【放弃(U)】：取消上一次的操作。

（3）选择要被剪切掉的边完成修剪。

3.12　延伸对象

选择下拉菜单"修改"→"延伸"命令，或在功能区"默认"选项卡中的"修改"面板中单击"延伸"按钮，或在"修改"工具栏中单击"修剪"按钮，执行该命令。可以延长指定的对象与另一对象相交或外观相交，如图3-47所示。

"延伸"命令的使用方法和"修剪"命令的使用方法相似：修剪对象需要选择剪切边和要修剪的边，延伸对象需要选择边界边和要延伸的边。

图3-47　延伸示例

3.13　打断于点

使用"打断于点"工具在单个点处打断选定的对象。有效对象包括直线、开放的多段线和圆弧。

注：不能在一点打断闭合对象（例如圆）。

图3-48　打断于点示例

选择下拉菜单"修改"→"打断于点"命令，或在功能区"默认"选项卡中的"修改"面板中单击"打断于点"按钮，或在"修改"工具栏中单击"打断于点"按钮，执行该命令。执行该命令时，选择需要被打断的对象，然后指定打断点即可从该点打断对象，如图3-48所示。

3.14　打断对象

利用"打断"命令可以在两点之间打断选点对象。打断对象的步骤如下：

（1）选择下拉菜单"修改"→"打断"命令，或在功能区"默认"选项卡中的"修改"面板中单击"打断"按钮，或在"修改"工具栏中单击"打断"按钮，执行该命令。

（2）执行该命令并选择需要打断的对象时，命令行提示如下信息：

指定第二个打断点 或 ［第一点(F)］：

默认情况下，以选择对象时的拾取点作为第一个断点。要选择其他断点时，则需输入 F，然后指定第一个断点。

（3）指定第二个断点。如图 3-49 是默认选择对象的拾取点为第一断点的打断示意图。

图 3-49　默认打断示例

3.15　合并对象

使用"合并"命令可以合并线性和弯曲对象的端点，以便创建单个对象，如图 3-50 所示。

注：构造线、射线和闭合的对象无法合并。

图 3-50　合并对象示例

合并对象的操作步骤如下。

（1）选择下拉菜单"修改"→"合并"命令，或在功能区"默认"选项卡中的"修改"面板中单击"合并"按钮，或在"修改"工具栏中单击"合并"按钮，执行该命令。

（2）选择要合并的源对象。

（3）选择要合并到源对象中的一个或者多个对象。

3.16　倒角对象

选择下拉菜单"修改"→"倒角"命令，或在功能区"默认"选项卡中的"修改"面板中单击"倒角"按钮，或在"修改"工具栏中单击"倒角"按钮，可以为为两个对象的边绘制倒角。执行该命令时，命令行显示如下提示：

命令：_chamfer

（"修剪"模式）当前倒角距离 1＝0.0000，距离 2＝0.0000

选择第一条直线或 ［放弃(U)/多段线(P)/距离(D)/角度(A)/修剪(T)/方式(E)/多个(M)］：

该命令提示中其他选项的功能如下：

【多段线(P)】：以当前设置的倒角大小对多段线的各顶点（交角）修倒角。

【距离(D)】：设置距第一个对象和第二个对象的交点的倒角距离。如果两个倒角距离都为 0，则倒角操作将修剪或延伸这两个对象直至它们相交，但不创建倒角线。

【角度(A)】：可以通过指定第 1 个选定对象的倒角线起点及其形成的角度为两个对象倒角。

【修剪(T)】：设置倒角后是否保留原拐角边。

【方式(E)】：使用两个距离还是一个距离和一个角度来创建倒角。

【多个(M)】：可以为多个对象绘制倒角，将重复显示主提示和"选择第二个对象"的提示，直到用户按 Enter 键结束命令。

1. 使用两个距离创建倒角

需要指定两个距离（如图 3-51 所示），如果这两个值均设置为零，则选定对象或线段将被延伸或修剪，以使其相交，如图 3-52 所示。

图 3-51　两距离倒角　　　　　图 3-52　两距离都是零的倒角示例

设置倒角距离并创建倒角的步骤如下：

（1）选择下拉菜单"修改"→"倒角"命令，或在功能区"默认"选项卡中的"修改"面板中单击"倒角"按钮，或在"修改"工具栏中单击"倒角"按钮。

（2）在命令行中输入"D"并按 Enter 键，即选择"距离(D)"选项。

（3）指定一个倒角距离。

（4）指定二个倒角距离。

（5）依次选择两条直线，完成倒角。

2. 使用一个角度和一个距离创建倒角

利用设置距选定对象的交点的倒角距离，以及与第一个对象所成的角度生成倒角，如图 3-53 所示，如果这两个值均设置为零，则选定对象或线段将被延伸或修剪，以使其相交。

图 3-53　使用角度和倒角创建倒角

设计倒角距离和倒角角度创建倒角的步骤如下：

（1）选择下拉菜单"修改"→"倒角"命令，或在功能区"默认"选项卡中的"修改"面板中单击"倒角"按钮，或在"修改"工具栏中单击"倒角"按钮。

（2）在命令行中输入"A"并按 Enter 键，即选择"角度(A)"选项。

（3）指定倒角距离。

（4）指定倒角角度。

（5）依次选择两条直线，完成倒角。

3.17　圆角对象

圆角是将两个对象通过一个指定半径的圆弧光滑链接，两个链接对象均与圆弧相切。

选择"修改"→"圆角"命令，或在功能区"默认"选项卡中的"修改"面板中单击"圆角"按钮，或在"修改"工具栏中单击"圆角"按钮，可以对对象用圆弧修圆角。

执行该命令时，命令行提示如下信息：

命令: _fillet

当前设置: 模式 = 修剪，半径 = 3.0000

选择第一个对象或 ［放弃(U)/多段线(P)/半径(R)/修剪(T)/多个(M)］：

修圆角的方法与修倒角的方法相似，在命令行提示中选择"半径(R)"选项，即可以设置圆角的半径大小。

可以为平行直线、参照线和射线创建圆角。AutoCAD 2016 将忽略当前圆角弧并创建与两平行对象相切且位于两个对象的共有平面上的圆弧。第 1 个选定对象必须是直线或射线，第 2 个对象可以是直线、构造线或射线。

3.18　光顺曲线

在两条选定直线或曲线之间的间隙中创建样条曲线，如图 3-54 所示。

图 3-54　创建光滑曲线

创建光滑曲线步骤如下：

（1）选择下拉菜单"修改"→"光顺曲线"命令，或在功能区"默认"选项卡中的"修改"面板中单击"光顺曲线"按钮，或在"修改"工具栏中单击"光顺曲线"按钮。

（2）命令行提示如下：

命令: _BLEND

连续性 = 相切

〜〜 BLEND 选择第一个对象或 ［连续性(CON)］：

（3）输入"con"，按 Enter 键，或者鼠标单击［连续性(CON)］，即选择"连续性（con）"选项。

（4）命令行提示如下：

命令: _BLEND

连续性 = 相切

选择第一个对象或 [连续性(CON)]: CON

〜〜 BLEND 输入连续性 ［相切(T) 平滑(S)］<相切>：

（5）输入"S"，按 Enter 键，或单击平滑(S)，即选择"平滑（S）"选项。

（6）命令行提示如下：

命令: _BLEND

连续性 = 相切

选择第一个对象或 [连续性(CON)]: CON

输入连续性 [相切(T)/平滑(S)] <相切>: S

〜〜 BLEND 选择第一个对象或 ［连续性(CON)］：

（7）选择第一个对象。

（8）选择第二个对象，完成光滑曲线的创建。

3.19 分解对象

对于矩形、块多段线及面域等对象，它们是由多个对象组成的组合对象，如果需要对单个成员编辑，就需要先将其分解开。

使用"分解"功能可以将一个整体对象（复核对象）分解成其组件对象。

分解对象的步骤如下：

（1）选择菜单"修改"→"分解"命令，或在功能区"默认"选项卡中的"修改"面板中单击"分解"按钮 ，或在"修改"工具栏中单击"分解"按钮 。

（2）选择要分解的对象。

（3）按 Enter 键完成分解对象。

3.20 使用夹点编辑图形对象

AutoCAD 2016 中选中对象后，在其中部或两端将显示若干个小方框（夹点），使用它们可对图形进行简单编辑。夹点就是对象上的控制点，夹点是一种集成的编辑模式，具有非常实用的功能。

1. 拉伸对象

在不执行任何命令的情况下选择对象，显示其夹点，然后单击其中一个夹点，该夹点将被作为拉伸的基点，此时命令行将显示如下提示信息：

拉伸

指定拉伸点或[基点(B)/复制(C)/放弃(U)/退出(x)]：

默认情况下，指定拉伸点后（可以通过输入点的坐标或者直接用鼠标指针拾取点），AutoCAD 2016 将把对象拉伸或移动到新的位置。因为对于某些夹点，只能移动对象而不能拉伸对象，如文字、块、直线中点、圆心、椭圆中心和点对象上的夹点。

各选项含义如下：

【基点(B)】：重新确定拉伸基点。

【复制(C)】：允许用户确定一系列的拉伸点，以实现多次拉伸。

【放弃(U)】：取消上一次操作。

【退出(X)】：退出当前的操作。

2. 移动对象

移动对象仅仅是位置上的平移，而对象的方向和大小并不会被改变。要非常精确地移动对象，可使用捕捉模式、坐标、对象捕捉模式。在夹点编辑模式下，确定基点后，在命令行提示下输入"MO"进入移动模式，这时命令行显示如下提示信息：

移动

指定移动点或[基点(B) /复制(C) /放弃(U) /退出(x)]：

用户通过输入点的坐标或拾取点的方式来确定平移对象的目的点后，即可以基点为平移起点，以目的点为终点将所选对象平移到新位置。

3. 旋转对象

在夹点编辑模式下，确定基点后，在命令行提示下输入"RO"进入旋转模式，这时命令行显示如下提示信息：

旋转

指定旋转角度或[基点(B)/复制(c)/放弃(u)/参照(R)/退出(x)]：

默认情况下，输入旋转的角度值，或通过拖动方式确定了旋转角度后，即可将对象绕基点旋转指定的角度，也可以选择"参照"选项，以参照方式旋转对象。

4. 缩放对象

在夹点编辑模式下，确定基点后，在命令行提示下输入"SC"进入缩放模式，这时命令行显示如下提示信息：

比例缩放

指定比例因子或[基点(B)/复制(c)/放弃(U)/参照(R)/退出 (x)]：

默认情况下，当确定了缩放的比例因子后，AutoCAD 2016 将相对于基点进行缩放对象操作。当比例因子＞1 时，放大对象；当 0＜比例因子＜1 时，缩小对象。

5. 镜像对象

与"镜像"命令的功能类似，镜像操作后将删除原对象。在夹点编辑模式下确定基点后，在命令行提示下输入"MI"进入镜像模式，这时命令行显示如下提示信息：

镜像

指定第二点或[基点(B)/复制(c)/放弃(U)/退出(X)]：

用户指定了镜像线上的第 2 个点后，AutoCAD 2016 将以基点作为镜像线上的第 1 点，新的点为镜像线上的第 2 个点，将对象做镜像操作，并删除原对象。

实战演练 3

演练 3.1 使用阵列命令绘制如图 3-55 所示的平面图形。

（1）运行 AutoCAD 2016，设置绘图环境，选择"视图"→"缩放"→"全部"命令，将图纸缩放到整个绘图区。同时打开状态栏上的"对象捕捉"和"对象追踪"模式开关。

（2）选择绘制"圆"命令，在绘图区中分别绘制 R4.5、R9、R13.5 的三个同心圆，如图 3-56 所示。

（3）选择绘制"直线"命令，分别捕捉三个圆的左边及下边象限点为起点，绘制正交的直线，可以先绘制一条直线，再利用"复制"工具复制另外两条，如图 3-57 所示。

图 3-55　绘制平面图形

（4）在功能区单击"默认"选项卡中"修改"面板中的"修剪"按钮，或选择菜单"修改"→"修剪"命令，或在"修改"工具栏中，单击"修剪"按钮，根据提示选择修剪边，对图形进行修剪，如图 3-58 所示。

图 3-56　绘制三个同心圆

（5）在功能区单击"默认"选项卡中"修改"面板中的"环形阵列"按钮，或选择菜单"修改"→"环形阵列"命令，或在"修改"工具栏中单击"环形阵列"按钮。

选择要阵列的对象，拾取图 3-58 中所示的 A 点为基点，在功能区弹出的"阵列创建"面板中的"项目"选项进行如图 3-59 所示的参数设置。参数设置完成后，关闭阵列，完成图形的绘制。

图 3-57　绘制直线　　　　图 3-58　修剪图形　　　　图 3-59　阵列参数设置

演练 3.2　绘制如图 3-60 所示"吊钩"零件图形。

（1）利用"正交"、"直线"和"偏移"绘制各中心线。

选择"直线"工具 ✎。第一点选择绘图区中任意一点，作一条正交水平直线，同样方法，作一条与水平直线相交的垂直正交直线。

利用"偏移"工具 ▱，将所作的水平直线向下偏移 64、160 画出另外两条水平直线；最长垂直直线向右分别偏移 8、15、20、40；另外再将最长垂直直线向左偏移 8 生成一条垂直直线，并适当拉伸直线的长度，结果如图 3-61 所示。

（2）选择"圆"工具 ◎，将指针移到构造线交点 A 点处，当显示"交点"标记时，单击拾取 A 点，输入半径的值，按回车键确定圆的半径；或者先输入 D 命令后，输入直径的值，按回车键确定圆的直径。分别绘制直径为 26 和直径为 52 的两个圆形。同样方法，以 B 点为圆心绘制半径为 10 圆形；以 C 点为圆心绘制半径为 60 的圆形；以 O 点为圆心绘制半径为 24 的圆形，结果如图 3-62 所示。

图 3-60　"吊钩"零件图形　　　图 3-61　绘制辅助线　　　图 3-62　绘制圆形

（3）选择"圆"工具组下的"相切、相切、半径"工具 ◉相切，相切，半径，根据提示选择执行。根据系统提示做一个圆与以 A 点为圆心直径为 52 的圆和最长垂直直线向右偏移 15 后生成的垂直直线均相切半径为 20 的圆。

选择"直线"工具；通过对象捕捉"切点"，画出与刚画出的半径 20 和以 B 为圆心半径为 10 的两个圆都相切的直线，结果如图 3-63 所示。

（4）根据两个圆相外切圆心距为两圆半径之和，两个圆相内切圆心距为两圆半径之差的原理，选择画圆的命令。分别以 B 为圆心绘制半径为 40（10+30）的圆形，与最长垂直直线向右偏移 20 的直线相交于 E 点；以 C 为圆心绘制半径为 20（60-40）的圆形，与最长垂直直线向右偏移 8 的直线相交于 F 点；以 C 为圆心绘制半径为 98（158-60）的圆形，与最长水平直线相交于 G 点，结果如图 3-64 所示。

图 3-63　绘制与两个对象分别相切的圆和直线

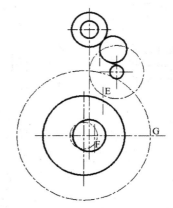
图 3-64　根据两圆相切关系绘制辅助圆

（5）选择"圆"工具组中的"圆心、半径"工具 ，将指针移到构造线交点 E 点处，当显示"交点"标记时，单击拾取 E 点，输入半径的值 30，按回车键确定圆的半径，画出半径为 30 并且与半径为 10 的圆和与圆心在最长垂直直线向右偏移 20 的直线上的圆形。

同样方法，以 F 点为圆心绘制半径为 40 的圆形；以 G 点为圆心绘制半径为 158 的圆形，结果如图 3-65 所示。

（6）选择"圆"组工具中"相切、相切、半径"工具。分别绘制与直径 52 和半径 158 的两个圆形相外切半径为 20 的圆；绘制与 O 点为圆心半径为 24 的圆形相外切，并与以 F 点为圆心半径为 40 的圆形相内切半径为 12 的圆形。

选择"直线"工具，通过对象捕捉"切点"，画出与 E 点为圆心半径为 30 和以 O 点为圆心半径为 24 的两个圆都相切的直线，结果如图 3-66 所示。

图 3-65　根据图形关系绘制圆形

图 3-66　绘制与已知对象相切的圆和直线

（7）选择"修剪"工具，根据提示选择修剪边，对图形进行修剪，同时删除多余的
线条，获得最终结果。

技能拓展 3

拓展 3.1 绘制如图 3-67 所示的图形。
拓展 3.2 绘制如图 3-68 所示的图形。

图 3-67　绘制图形

图 3-68　绘制图形

拓展 3.3 绘制如图 3-69 所示的图形。
拓展 3.4 绘制如图 3-70 所示的图形。

图 3-69　绘制图形

图 3-70　绘制图形

拓展 3.5 绘制如图 3-71 所示的图形。
拓展 3.6 绘制如图 3-72 所示的图形。

图 3-71　绘制图形

图 3-72　绘制图形

第 4 章 控制图形显示与图层应用

知识目标

了解图形对象重画与重生成的含义；了解视图窗口的重要作用；了解设置图层、线型及颜色的意义。

技能目标

熟悉缩放和平移视图；熟悉视口和操作；熟悉图层、线型及颜色的设置。视窗是绘图软件的眼睛，视窗操作是用户同计算机对话的主要手段，在 AutoCAD 2016 中，用户可以使用多种方法灵活观察图形的整体效果或局部细节。

4.1 重画与重生成图形

用户在绘图过程中，经常在屏幕上留下各种痕迹，为了消除这些痕迹，必须执行重画功能，进行屏幕刷新。但是对于某些操作，仅通过重画还不能反映其操作结果，此时必须执行重生成功能。

1．重画图形

"重画"命令用于刷新屏幕显示，使屏幕重画。无论何时，只要看到图形中有标识指定点的点标记或临时标记，都可以调用此命令刷新屏幕显示。如果在同一位置绘制了两条直线，并且删除了其中的一条直线，但是，有时看起来好像两条直线都被删除了，此时，可以使用重画命令。重画只刷新屏幕显示，与数据的重生成不同。

要使用屏幕重画，在"命令行"中输入 REDRAW 命令后按 Enter 键，或者选择"视图"→"重画"命令。

2．重生成图形

"重生成"命令用于重生成屏幕上的图形数据。通常情况下，如果用"重画"命令刷新屏幕后仍不能正确反映图形，此时应该调用"重生成"命令。"重生成"命令不仅刷新显示，而且更新图形数据库中所有图形对象的屏幕坐标，该命令将提供尽可能精确的图形。因此调用"重生成"命令重新生成图形的时间要比重画命令所用的时间长。

在 AutoCAD 2016 中，要使用屏幕重生成，可以在"命令行"中输入 REGEN 命令后按 Enter 键，或者选择"视图"→"重生成"命令。

4.2 缩放视图

可以通过放大和缩小操作更改视图的比例，类似于使用相机进行缩放。使用缩放不会更改图形中对象的绝对大小，它仅更改视图的比例。

AutoCAD 2016 提供了三种操作方式调用缩放命令：

（1）下拉菜单"视图"→"缩放"菜单。

（2）缩放工具栏。

（3）"导航栏"中的"缩放"按钮。

默认情况下，AutoCAD 2016 没显示"缩放"工具栏。单击菜单"工具"→"工具栏"→"AutoCAD"，在弹出的菜单中勾选"缩放"（如图 4-1 所示），即可调出"缩放"工具栏。

图 4-1　调出缩放工具栏　　　　　　　　　　图 4-2　"缩放"菜单及工具栏

图 4-3　导航栏"缩放"按钮

在功能区单击"视图"选项卡→"视图工具"面板→"导航栏"，即可调出导航栏。在导航栏中单击"缩放"按钮下的倒三角，即可弹出缩放选项，如图 4-3 所示。

"缩放"命令的各选项含义如下：

【实时】 实时(R)：交互缩放以更改视图的比例。

光标将变为带有加号 (+) 和减号 (-) 的放大镜 Q+ Q-。

在窗口的中点按住拾取键并垂直移动到窗口顶部则放大 100%；反之，在窗口的中点按住拾取键并垂直向下移动到窗口底部则缩小 100%。

达到放大极限时，光标上的加号将消失，表示将无法继续放大；达到缩小极限时，光标上的减号将消失，表示将无法继续缩小。

松开拾取键时缩放终止。可以在松开拾取键后将光标移动到图形的另一个位置，然后再按住拾取键，便可从该位置继续缩放显示。

若要退出缩放，请按 Enter 键或 Esc 键。

【上一个】 上一个(P)：缩放显示上一个视图。最多可恢复此前的 10 个视图。

【窗口】 窗口(W)：缩放显示矩形窗口指定的区域，如图4-4所示。

使用光标，可以定义模型区域以填充整个窗口。

【动态】 动态(D)：使用矩形视图框进行平移和缩放。视图框表示视图，可以更改它的大小，或在图形中移动。移动视图框或调整它的大小，将其中的视图平移或缩放，以充满整个视口，如图4-5所示。

图 4-4　窗口缩放　　　　　　　　　　图 4-5　动态缩放

要更改视图框的大小，请单击后调整其大小，然后再次单击以接受视图框的新大小。

若要使用视图框进行平移，请将其拖动到所需的位置，然后按 Enter 键。

【比例/比例因子】：使用比例因子缩放视图以更改其比例。

输入的值后面跟着 X，根据当前视图指定比例；输入值并后跟 XP，指定相对于图纸空间单位的比例。

例如，输入 0.5X 使屏幕上的每个对象显示为原大小的二分之一；输入 0.5XP 以图纸空间单位的二分之一显示模型空间。创建每个视口以不同的比例显示对象的布局。

输入值，指定相对于图形栅格界限的比例（此选项很少用）。例如，如果缩放到图形界限，则输入 2 将以对象原来尺寸的两倍显示对象。

【中心】 圆心(C)：缩放以显示由中心点和比例值/高度所定义的视图。高度值较小时增加放大比例；高度值较大时减小放大比例，如图4-6所示。

【对象】 对象：缩放以便尽可能大地显示一个或多个选定的对象并使其位于视图的中心。

中心缩放之前　　　　中心缩放之后，
　　　　　　　　　　放大比例增加

【放大】 放大(I)：使用比例因子 2 放大当前视图比例。

【缩小】 缩小(O)：使用比例因子 2 缩小当前视图比例。

图 4-6　圆心缩放

【全部】 全部(A)：缩放以显示所有可见对象和视觉辅助工具。

调整绘图区域的放大，以适应图形中所有可见对象的范围，或适应视觉辅助工具（例如栅格界限（LIMITS 命令））的范围，取两者中较大者。

【范围】 范围(E)：缩放以显示所有对象的最大范围。

计算模型中每个对象的范围，并使用这些范围来确定模型应填充窗口的方式。

此外，在 AutoCAD 2016 中也可以直接推拉鼠标中键进行视图缩放。

4.3　平移视图

使用平移视图命令，可以重新定位图形，以便看清图形的其他部分。使用平移命令平移视图时，视图的显示比例不变。

图 4-7　移动菜单

单击菜单"视图"→"平移"，弹出如图 4-7 所示的移动菜单。用户除了可以左、右、上、下平移视图外，还可以使用"实时"和"定点"命令平移视图。

【实时】：在实时平移模式下，光标指针变成一只小手，按下鼠标左键拖动，窗口内的图形就可按光标移动的方向移动。释放鼠标，可返回到平移等待状态。按 Esc 键或 Enter 键，可以退出实时平移模式。

【定点】：通过指定基点和位移来平移视图。

此外用户也可以通过"导航栏"中的"平移"按钮，或按下鼠标中键，然后拖动光标进行平移。

4.4　使用命名视图

用户可以在一张复杂的工程图纸上创建多个视图。当要观看、修改图纸上的某部分视图时，再将该视图恢复出来。

1. 命名视图

选择"视图"→"命名视图"命令（VIEW），或在视图工具栏单击"命名视图"按钮，打开"视图管理器"对话框，如图 4-8 所示。

图 4-8　"视图管理器"对话框

各项的含义如下：

【当前视图】：显示当前视图的名称。

【查看】：已命名视图的类别。

【信息列表框】：当前图形中已经命名了的"视图名称"、"位置"、UCS 及"透视"。

【置为当前】：单击该按钮，可以将选中的命名视图设置为当前视图。

【新建】：单击该按钮，打开"新建视图"对话框，如图 4-9 所示。通过该对框可以创建新的命名视图，此时需要设置视图名称、类别、创建视图的区域（是当前视图还是重新定义）以及 UCS 设置和背景。

【更新图层】：使用选中的命名视图中保存的图层信息更新当前的图层信息。

【编辑边界】：单击该按钮，切换到绘图窗口，可以重新定义视图的边界。

2. 恢复命名视图

在 AutoCAD 2016 中，用户可以一次命名多个视图，若需要重新使用一个已命名视图，只需要将该视图设置为当前视口即可。如果绘图窗口中包含多个视口，用户也可以将视图恢复到活动视口中，或将不同的视图恢复到不同的视口中，以同时显示模型的多个视图。恢复视图时可以恢复视口的中点、查看方向、缩放比例因子、透视图等设置，如果在命名视图时将当前的 UCS 随视图一起保存起来，当恢复视图时，也可以恢复 UCS。

图 4-9 "新建"视图对话框

4.5 使用平铺视口

视口是显示用户的不同视图的区域。在大型或复杂的图形中，显示不同的视图可以缩短在单一视图中缩放或平移的时间。而且，在一个视图中出现的错误可能会在其他视图中表现出来。

1. 平铺视口

在 AutoCAD 2016 中，使用"视图"→"视口"子菜单中的命令，或"视口"工具栏，或在功能区中单击"视图"选项卡→"模型视口"面板→"视口配置"按钮，可在模型空间创建和管理平铺"视口"，如图 4-10 所示。

图 4-10 "视口"菜单、"视口"工具栏和"视口"功能面板

2. 创建平铺视口

选择"视图"→"视口"→"新建视口"命令，或在"视口"工具栏中单击"显示视口对话框"按钮 ，或在功能区中单击"视图"选项卡→"模型视口"面板→"命名"按钮 ，将打开"视口"对话框，如图 4-11 所示。

在"视口"对话框中，使用"新建视口"选项卡可以显示标准视口配置列表，还可以创建并设置新的平铺视口，该选项卡包括以下几个选项。

【新名称】：设置新创建的平铺视口的名称。

【标准视口】：显示用户可用的标准视口配置。

【预览】：预览用户所选视口配置以及已赋给每个视口的默认视图的预览图像。

【应用于】：设置将所选的视口配置是用于整个显示屏幕还是当前视口。有两个选项，"显示"选项用于设置将所选的视口配置用于模型空间中的整个显示区域，是默认选项；"当前视口"选项用于设置将所选的视口配置用于当前视口。

【设置】：指定二维或三维设置。如果选择二维选项，那么使用视口中的当前视图来初始化视口配置；如果选择三维选项，则使用正交的视图来配置视口。

【修改视图】：选择一个视口配置代替已选择的视口配置。

【视觉样式】：选择一种视觉样式代替当前的视觉样式。

"视口"对话框中，使用"命名视口"选项卡，可以显示图形中已命名的视口配置。当选择一个视口配置后，该视口配置的布局情况将显示在预览窗口中，如图 4-12 所示。

图 4-11 "视口"对话框

图 4-12 "命名视口"选项卡

3. 分割与合并视口

在 AutoCAD 2016 中，选择"视图"→"视口"命令中的某些子命令，可以在不改变视口显示的情况下，分割或合并当前视口。例如，选择"视图"→"视口"→"一个视口"命令，可以将当前视口扩大到充满整个绘图窗口；选择"视图"→"视口"→"两个视口"、"三个视口"、"四个视口"命令，可以将当前视口分割为 2 个、3 个或 4 个视口。

选择"视图"→"视口"→"合并"命令，或在功能区中单击"视图"选项卡→"模型视口"面板→"合并"按钮 ，系统要求用户选定一个视口作为主视口，然后选择一个相邻视口，将该视口与主视口合并。

4.6 创建和设置图层

在 AutoCAD 2016 中，所有图形对象都具有图层、颜色、线型和线宽 4 个基本属性。使用不同的图层、颜色、线型和线宽绘制不同的对象元素，可以方便地控制对象的显示和编辑，提高绘制复杂图形的效率和准确性。

4.6.1 图层的概念与用途

可以这样来简单地理解图层：每一个图层就相当于一张完全透明的图纸，用 AutoCAD 2016 来绘制图形时使用了许多张这种完全透明的图纸，即用到了许多图层。在机械、建筑等工程制图中，图形中主要包括基准线、轮廓线、虚线、剖面线、尺寸标注以及文字说明等元素。如果用图层来管理，不仅能使图形的各种信息清晰有序，便于观察，而且也会给图形的编辑、修改和输出带来方便。

用户在绘图时，应先创建几个图层，每个图层设置不同的颜色和线型。例如，创建一个用于绘制中心线的图层，并为该图层指定红颜色和 Center 线型；创建一个用于绘制虚线的图层，并为该图层指定蓝颜色和 Dashed 线型；创建一个用于标注尺寸和文本的图层，并为该图层指定黄颜色和 Continuous 线型。

4.6.2 创建图层

1. 图层特性管理器

对图层的操作主要是在"图层特性管理器"对话框中进行。选择菜单"格式"→"图层"命令，或在功能区"默认"选项卡的"图层"面板中单击"图层特性"按钮![按钮]，打开"图层特性管理器"对话框，如图 4-13 所示。在"过滤器树"列表中显示了当前图形中所有使用的图层、组过滤器；在图层列表中，显示了图层的详细信息。

图 4-13 "图层特性管理器"对话框

2. 创建新图层

开始绘制新图形时，AutoCAD 2016 自动创建一个名为 0 的特殊图层。默认情况下，图层 0 指定使用 7 号颜色（白色或黑色由背景色决定）和 Continuous 线型，"默认"线宽及

Normal 打印样式。用户不能删除或重命名 0 图层。

在"图层特性管理器"对话框中单击"新建图层"按钮 ，可以创建一个名称为"图层 1"的新图层，且该图层与当前图层的状态、颜色、线性、线宽等设置相同。如果单击"新建图层"按钮，也可以创建一个新图层，但该图层在所有的视口中都被冻结。

当创建了新图层后，图层的名称将显示在图层列表框中，如果要更改图层名称，可单击该图层名，然后输入一个新的图层名并按 Enter 键即可。

3．指定图层的颜色

颜色在图形中具有非常重要的作用，可用来表示不同的组件、功能和区域。图层的颜色实际上是图层中图形对象的颜色。每个图层都拥有自己的颜色，对不同的图层可以设置相同的颜色，也可以设置不同的颜色，绘制复杂图形时就可以很容易区分图形的各部分。新建图层后，要改变图层的颜色，在"图层特性管理器"对话框中单击图层的"颜色"对应的图标，打开"选择颜色"对话框，如图 4-14 所示。

在"选择颜色"对话框中，可以使用"索引颜色"、"真彩色"和"配色系统"3 个选项卡为图层设置颜色。

【索引颜色】：可以使用 AutoCAD 的标准颜色。"索引颜色"列表框中提供就 9 种标准最常用的颜色。图层的颜色用颜色号表示，颜色号是从 1 到 255 的整数。前 7 个颜色号已赋于标准颜色，颜色号 1、2、3、4、5、6、7 分别对应红色、黄色、绿色、青色、蓝色、洋红色、白色。

【真彩色】：使用 24 位颜色定义显示 16M 色。指定真彩色时，可以使用 RGB 或 HSL 颜色模式。如果

图 4-14 "选择颜色"对话框

使用 RGB 颜色模式，则可以指定颜色的红、绿、蓝组合；如果使用 HSL 颜色模式，则可以指定颜色的色调、饱和度和亮度要素，如图 4-15 所示。在这两种颜色模式下，可以得到同一种所需的颜色，但是组合颜色的方式不同。

图 4-15 RGB 和 HSL 颜色模式

【配色系统】：使用标准 Pantone 配色系统设置图层的颜色，如图 4-16 所示。

图 4-16 "配色系统"选项卡

4．指定图层的线型

默认情况下，图层的线型为 Continuous。要改变线型，在图层列表中单击"线型"列的 Continuous，打开"选择线型"对话框，在"已加载的线型"列表框中选择一种线型即可将其应用到图层中，如图 4-17 所示。

默认情况下，在"选择线型"对话框的"已加载的线型"列表框中只有 Continuous 一种线型，如果要使用其他线型，必须将其添加到"已加载的线型"列表框中。可单击"加载"按钮打开"加载或重载线型"对话框，如图 4-18 所示，从当前线型库中选择需要加载的线型，然后单击"确定"按钮。

图 4-17 "选择线型"对话框

图 4-18 "加载或重载线型"对话框

4.6.3 图层的设置

图层设置包括图层状态和图层特性。图层状态包括图层是否打开、冻结、锁定、打印和在新视口中自动冻结。图层特性包括颜色、线型、线宽和打印样式，可以选择要保存的图层状态和图层特性。例如，可以选择只保存图形中图层的"冻结／解冻"设置，忽略所有其他设置。恢复图层状态时，除了每个图层的冻结或解冻设置以外，其他设置保持当前设置。

1．图层状态

在"图层特性管理器"对话框中，每个图层都包含状态、名称、打开／关闭、冻结／解冻、锁定／解锁、线型、颜色、线宽和打印样式等特性。

【开关状态】：单击"开"列对应的小灯泡图标，可以打开或关闭图层。在开状态下，灯泡的颜色为黄色，图层上的图形可以显示，也可以在输出设备上打印；在关状态下，灯泡的颜色为灰色，图层上的图形不能显示，也不能打印输出。在关闭当前图层时，系统将显示一个消息对话框，警告正在关闭当前层。

【冻结】：单击图层"冻结"列对应的太阳，或雪花图标，可以冻结或解冻图层。图层被冻结时显示雪花图标，此时图层上的图形对象不能被显示、打印输出和编辑修改；图层被解冻时显示太阳图标，此时图层上的图形对象能够被显示、打印输出和编辑。

【锁定】：单击"锁定"列对应的关闭或打开小锁图标，可以锁定或解锁图层。图层在锁定状态下不影响图形对象的显示，不能对该图层上已有图形对象进行编辑，但可以绘制新图形对象。此外，在锁定的图层上可以使用查询命令和对象捕捉功能。

2．图层特性

打印样式：通过"打印样式"列确定各图层的打印样式，如果使用的是彩色绘图仪，则不能改变这些打印样式。

【打印】：单击"打印"列对应的打印机图标，可以设置图层是否能够被打印，在保持图形显示可见性不变的前提下控制图形的打印特性。打印功能只对没有冻结和关闭的图层起作用。

【说明】：单击"说明"列两次，可以为图层或组过滤器添加必要的说明信息。

3．将图层置为当前层

在"图层特性管理器"对话框的图层列表中，选择某一图层后，单击"当前图层"按钮，即可将该层设置为当前层。在绘图时，通常通过"图层"工具栏中的图层控制下拉列表框来实现图层切换。

4．删除图层

在"图层特性管理器"对话框的图层列表中选择要删除的图层，然后单击"删除图层"按钮，就可以将所选择的图层删除。删除图层时，当前图层、图层 0、依赖外部参照的图层及包含对象的图层都是不能删除的。

4.6.4　改变对象所在图层

在实际绘图中，如果绘制完某一图形元素后，发现该元素并没有绘制在预先设置的图层上，可以改变对象到想要的图层上。具体步骤如下：

（1）选中该图形元素。

（2）在"默认"选项卡的"图层"面板中，单击"图层"选项右侧的倒三角，弹出下拉列表，如图 4-19 所示。

（3）在弹出的下拉列表框中选择对象应在的图层，即可改变对象到该图层。

图 4-19　图层下拉列表框

4.6.5　对图层列表进行过滤

当用户希望在图层特性管理器中只列出某些图层时，使用图层过滤器可限制列出的图层名。可以根据下列条件过滤图层名。

（1）是否设置打印图层。

（2）图层名称、颜色、线型、线宽和打印样式。

（3）打开还是关闭图层。

（4）在当前视口中冻结图层还是解冻图层。

（5）锁定图层还是解锁图层。

图层过滤功能简化了图层方面的操作，在"图层特性管理器"对话框中单击"新特性过滤器"按钮，可以使用打开的"图层过滤器特性"对话框来命名图层过滤器，如图 4-20 所示。在 AutoCAD 2016 中，还可以通过"新组过滤器"过滤图层。可在"图层特性管理器"对话框中单击"新组过滤器"按钮，并在对话框左侧过滤器树列表中添加一个"组过滤器1"（也可以根据需要命名组过滤器）。在过滤器树中单击"所有使用的图层"节点或其他过滤器，显示对应的图层信息，然后将需要分组过滤的图层拖动到创建的"组过滤器 1"上即可，如图 4-21 所示。

图 4-20 "图层过滤器特性"对话框

图 4-21 "新组过滤器"过滤图层

4.7 加载线型与调整线型比例

线型是作为图形基本元素线条的组成和显示方式。在 AutoCAD 2016 中，有简单常用线型，也有由一些特殊符号构成的复杂线型，可以满足不同行业标准的要求。

1. 为对象设置线型

在绘图时，所绘的对象可以采用图层的线型，此时"默认"选项卡中"特性"面板的"线型"框中显示为 ByLayer，即当前线型设置为随层。也可以使用不同于图层的其他线型进行绘图，操作方法是：在"特性"面板上单击"线型"框，从列表中选择一种线型（例如 Center），

图 4-22 "线型控制"框

如图 4-22 所示。"线型"框内的线型需要加载，详见下面介绍。

如果用户需要使用图层的线型进行绘图，则从"特性"面板的"线型"框中选择 ByLayer。

2. 加载线型

在绘图时，经常要使用不同的线型，例如，中心线、虚线、实线等。AutoCAD 2016 中的线型包含在线型库定义文件 acad.lin 和 acadiso.lin 中，其中，在英制测量系统下，使用线型库定义文件 acad.lin；在公制测量系统下，使用线型库定义文件 acadiso.lin。根据需要，单击"加载或重载线型"对话框中的"文件"按钮，打开"选择线型文件"对话框，选择合适的线型库定义文件。

3. 调整线型比例

在 AutoCAD 2016 定义的各种线型中，除了 Continuous 线型外，每种线型都是由线段、空格、点或文本所构成的序列。用户设置的绘图界限与默认的绘图界限差别较大时，在屏幕上显示或绘图仪输出的线型会不符合工程制图的要求，此时需要调整线型比例。

选择"格式"→"线型"命令，打开如图 4-23 所示的"线型管理器"对话框，可设置图形中的线型比例。

图 4-23 "线型管理器"对话框（"详细信息"）

"线型管理器"对话框显示了当前使用的线型和可选择的其他线型。当在线型列表中选择了某一线型后，可以在"详细信息"选项区域中设置线型的"全局比例因子"和"当前对象缩放比例"，其中，"全局比例因子"用于设置图形中所有线型的比例；"当前对象缩放比例"用于设置当前选中线型的比例。

4.8 设置图层线宽

在"图层特性管理器"对话框的"线宽"列中单击该图层对应的线宽"默认"，打开"线宽"对话框，有 20 多种线宽可供选择，如图 4-24 所示。也可以选择"格式"→"线宽"命令，打开"线宽设置"对话框，通过调整线宽比例，使图形中的线宽显示得更宽或更窄，如图 4-25 所示。

图 4-24 "线宽"对话框

图 4-25 "线宽设置"对话框

实战演练 4

演练 4.1 按表 4-1 要求新建以下图层并设置线型、线宽。

表 4-1

名　　称	颜　　色	线　　型	线　　宽	用　　途
粗实线层	白色	continuous	0.5mm	实体
中心线层	红色	center	0.25mm	中心线
虚线层	蓝色	Hiddenx2	0.25mm	隐藏线
尺寸线层	绿色	continuous	0. 25mm	尺寸标注
细实线层	白色	continuous	0.25mm	细实线
文字	绿色	continuous	0.25mm	文字
剖面线层	青色	continuous	0.25mm	剖面线

（1）选择"格式"→"图层"命令，或单击"图层"面板上的"图层特性"按钮，打开"图层特性管理器"对话框，如图 4-26 所示。

图 4-26 "图层特性管理器"对话框

（2）单击对话框中"新建图层"按钮 ，创建一新图层，在"名称"列文本框中输入图层名"粗实线层"。

（3）单击对话框中"颜色"列图标，打开"选择颜色"对话框，在标准颜色区中单击白色，"颜色"列文本框中即显示颜色名称"白"，单击"确定"按钮，返回"图层特性管理器"对话框。

（4）使用默认的"线型"Continuous。

（5）单击对话框中"线宽"列的图标，打开"线宽"对话框，在"线宽"列表框中选择0.5mm，单击"确定"按钮，返回"图层特性管理器"对话框，如图 4-27 所示。

图 4-27　新建并设置"粗实线层"

（6）单击对话框中"新建图层"按钮，创建一新图层，在"名称"列文本框中输入图层名"中心线层"。

（7）单击对话框中"颜色"列图标，打开"选择颜色"对话框，在标准颜色区中单击红色，"颜色"列文本框中即显示颜色名称"红"，单击"确定"按钮，返回"图层特性管理器"对话框。

（8）单击对话框中"线型"列上的图标，打开"选择线型"对话框，单击"加载"按钮，打开"加载或重载线型"对话框，在"可用线型"列表框中选择线型 CENTER，单击"确定"按钮，返回"选择线型"对话框。

（9）单击对话框中"线型"列上的图标，打开"选择线型"对话框，在"选择线型"对话框的"已加载的线型"列表框中选择 CENTER，单击"确定"按钮，返回"图层特性管理器"对话框。

（10）单击对话框中"线宽"列上的图标，打开"线宽"对话框，在"线宽"列表框中选择 0.25mm，单击"确定"按钮，返回"图层特性管理器"对话框。

（11）重复以上步骤，按题中要求设置其余图层。

（12）设置完毕后，单击"确定"按钮，结果如图 4-28 所示。

图 4-28　设置图层、线型、颜色及线宽

技能拓展 4

拓展 4.1 建立图层并按图层绘制图 4-29 所示的图形。

拓展 4.2 建立图层并按图层绘制图 4-30 所示的图形。

图 4-29　绘制图形

图 4-30　绘制图形

第5章 面域与图案填充

知识目标

了解面域的基本含义；熟悉布尔运算的内涵；图案填充和渐变色的设置。

技能目标

掌握面域的创建、面域的布尔运算；掌握从面域中提取数据；熟练使用设置图案填充和渐变色的操作。

面域指的是具有边界的平面区域，它是一个面对象，内部可以包含孔。从外观来看，面域和一般的封闭线框没有区别，但实际上面域就像是一张没有厚度的纸，除了包括边界外，还包括边界内的平面。

图案填充是一种使用指定线条图案、颜色来充满指定区域的操作，常常用于表达剖切面和不同类型物体对象的外观纹理等，被广泛应用在绘制机械图、建筑图及地质构造图等各类图形中。

5.1 使用面域

在 AutoCAD 2016 中，可以将由某些对象围成的封闭区域转换为面域，这些封闭区域可以是圆、椭圆、封闭的二维多段线和封闭的样条曲线等对象，也可以是由圆弧、直线、二维多段线、椭圆弧、样条曲线等对象构成的封闭区域。

5.1.1 创建面域

选择菜单"绘图"→"面域"命令，或在"绘图"工具栏单击"面域"按钮⬚，或单击功能区"默认"选项卡中"绘图"面板中的"面域"按钮⬚，然后选择一个或多个用于转换为面域的封闭图形，当按下 Enter 键后即可将它们转换为面域。因为圆、多边形等封闭图形属于线框模型，而面域属于实体模型，因此它们在选中时表现的形式也不相同。图 5-1 所示为选中圆和圆形面域时的效果。

用户可以选择"绘图"→"边界"命令，或在"绘图"工具栏单击"边界"按钮⬚，或单击功能区"默认"选项卡中"绘图"面板中的"边界"按钮⬚，使用打开的"边界创建"对话框定义面域。此时，在"对象类型"下拉列表框中选择"面域"选项（如图 5-2 所示），创建的图形将是一个面域，而不只是多段线或其他边界。

在 AutoCAD 2016 中，创建的面域总是以线框的形式显示，用户可以对面域进行一些编辑操作，如复制、移动等。

图 5-1 选中圆和圆形面域时的效果　　　　图 5-2 "边界创建"对话框

另外，如果要分解面域，可以选择"修改"→"分解"命令，或在"修改"工具栏中单击"分解"工具按钮，或单击功能区"默认"选项卡中"修改"面板中的"分解"按钮，将面域的各个区域转换成相应的线段、圆、圆弧等对象。

5.1.2 面域的布尔运算

布尔运算是数学上的一种逻辑运算，在 AutoCAD 2016 绘图中对提高绘图效率具有很大作用，尤其当绘制比较复杂的图形时。布尔运算的对象只包括实体和共面的面域，对于普通的线条图形对象无法使用布尔运算。

面域可以执行"并集"、"差集"及"交集"三种布尔运算，其效果如图 5-3 所示。

图 5-3 面域的布尔运算

【并集】：在 AutoCAD 2016 中，可以选择"修改"→"实体编辑"→"并集"命令，或在"实体编辑"工具栏中单击"并集"工具按钮 并集(U)，可以创建面域的并集，此时，系统要求用户要连续选择要合并的面域对象，直到按 Enter 键，即将选择的面域合并为一个图形并结束当前命令。

【差集】：在 AutoCAD 2016 中，可以选择"修改"→"实体编辑"→"差集"命令，或在"实体编辑"工具栏中单击"差集"工具按钮 差集(S)，可以创建面域的差集，此时，系统将用一部分面域减去另一部分面域。

【交集】：在 AutoCAD 2016 中，可以选择"修改"→"实体编辑"→"交集"命令，或在"实体编辑"工具栏中单击"交集"工具按钮 交集(I)，可以创建面域的交集，即几个面域的公共部分，此时，系统需要同时选择两个或两个以上面域对象，直到按 Enter 键，即将选择的面域对象的公共部分创建为一个面域并结束当前命令。

5.1.3 从面域中提取数据

面域对象除了具有一般图形对象的属性外，还具有面对象的属性，其中一个重要的属性就是质量特性。

在 AutoCAD 2016 中，选择"工具"→"查询"→"面域/质量特性"命令，并选择要提取数据的面域对象，然后按下 Enter 键，系统将自动切换到"AutoCAD 文本窗口"，并显示选择的面域对象的数据特性，如图 5-4 所示。

从图中可以看到，系统命令行显示"是否将分析结果写入文件？［是(Y)/否(N)：]"提示信息是询问用户是否将分析结果以文件的形式保存在电脑磁盘中，默认值为：否，按回车键不保存并结束命令。输入 Y，可将分析结果存入文件，这时打开"创建质量与面积特性文件"对话框，通过此对话框可以确定文件保存的路径与文件名称，如图 5-5 所示。

图 5-4　提取面域中的数据　　　　图 5-5　"创建质量与面积特性文件"对话框

5.2　使用图案填充

重复绘制某些图案以填充图形中的一个区域，从而表达该区域的特征，这种填充操作称为图案填充。图案填充的应用非常广泛，例如，在机械工程图中，可以用图案填充表达一个剖切的区域，也可以使用不同的图案填充来表达不同的零部件或者材料。

5.2.1　设置图案填充

选择"绘图"→"图案填充"命令，或在"绘图"工具栏中单击"图案填充"工具按钮，或在功能区"默认"选项卡中的"绘图"面板中单击"图案填充"按钮，激活"图案填充"命令。如果功能区处于活动状态，将显示"图案填充创建"上下文选项卡，如图 5-6 所示。如果功能区处于关闭状态，将显示"图案填充和渐变色"对话框，如图 5-7 所示。

图 5-6　"图案填充创建"上下文选项卡

图 5-7 "图案填充和渐变色"对话框

下面以"图案填充创建"上下文选项卡为例介绍各项选项含义。

边界：在"边界"面板中，包括添加拾取点、选择对象、删除边界等按钮，各选项功能如下：

【拾取点】：按钮：拾取内部点，根据围绕指定点构成封闭区域的现有对象来确定边界。

单击该按钮，用户可以在需要填充的区域内移动光标，系统会自动计算出包围该点的封闭填充边界，并显示填充效果，单击鼠标左键完成填充，如图 5-8 所示。如果在拾取点后系统不能形成封闭的填充边界，则会显示错误提示信息。

【选择对象】：按钮：单击该按钮后，可以通过选择边界对象的方式来定义填充区域的边界，如图 5-9 所示。

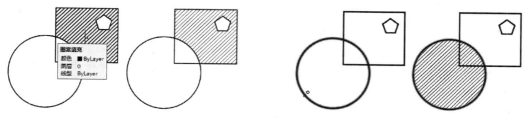

图 5-8 "拾取点"创建边界   图 5-9 "选择"创建边界

【删除边界】：按钮：单击此按钮可以取消系统自动计算或用户指定的边界，如图 5-10 所示为包含边界与删除边界时的效果对比图。

【重新创建边界】按钮：用于重新创建图案填充边界。

图案：用于设置填充的图案。该面板的内容随"特性"面板中的"图案填充类型"选项的改变而改变。用户可以单击"图案"面板右下侧的倒三角，从弹出的下拉列表框中来选择图案，如图 5-11 所示。

图 5-10　包含边界与删除边界时的效果对比图

图 5-11　填充图案下拉列表框

特性：该面板中主要包含"图案填充类型"、"图案填充角度"和"图案填充比例"3 项。

【类型】：用于设置填充的图案类型，包括"实体"、"图案"、"渐变色"和"用户定义"4 个选项。

实体：使用纯色填充区域。

图案：从系统提供的 70 多种符合 ANSI、ISO 和其他行业标准的填充图案中进行选择，或添加由其他公司提供的填充图案库。

渐变色：以一种渐变色填充封闭区域。渐变填充可显示为明（一种与白色混合的颜色）、暗（一种与黑色混合的颜色）或两种颜色之间的平滑过渡，如图 5-12 所示。

图 5-12　渐变色填充设置

用户定义：基于当前的线型以及使用指定的间距、角度、颜色和其他特性来定义您的填充图案。

【角度】：用于设置填充的图案旋转角度，每种图案在定义时的旋转角度都为 0。

【比例】：用于设置图案填充时的比例值。每种图案在定义时的初始比例为 1，用户可以根据需要放大或缩小。

图案填充原点：通常情况下，采用默认的填充原点基本上可以满足设计要求。但在某些设计场合，可能需要重新设置图案填充的原点。例如，如图 5-13 所示创建砖形图案填充，可能希望在填充区域的左下角开始铺设完整的砖块。

在功能区"图案填充创建"上下文选项卡中打开"原点"溢出面板，使用相应的工具按钮可以控制填充原点，如图 5-14 所示。

图 5-13　默认原点和"左下角"原点对比

图 5-14　原点溢出面板

5.2.2 设置渐变色填充

在启用功能区的情况下，并从功能区"默认"选项卡的"绘图"面板中单击"渐变色"按钮，或从"绘图"菜单中选择"渐变色"命令，或在"绘图"工具栏中单击"渐变色"按钮，则功能区会出现"图案填充创建"上下文选项卡，此时该选项卡的"特性"面板中的图案填充类型为"渐变色"，如图 5-15 所示；在没有启用功能区的情况下，从"绘图"菜单中选择"渐变色"命令，或在"绘图"工具栏中单击"渐变色"按钮，打开如图 5-16 所示的"图案填充和渐变"对话框，并自动切换到"渐变色"选项卡。

图 5-15 "渐变色"选项功能区

图 5-16 "渐变色"选项卡

【单色】：可以使用从较深着色到较浅色调平滑过渡的单色填充。

【双色】：可以指定两种颜色之间平滑过渡的双色渐变填充。

5.2.3 设置孤岛

在进行图案填充时，通常将位于一个已定义好的填充区域内的封闭区域称为孤岛。

单击"图案填充和渐变色"对话框右下角的按钮，将显示更多选项，如设置孤岛和边界保留等信息，如图 5-17 所示。

图 5-17 展开的"图案填充和渐变色"对话框

（1）在"孤岛"选项区域中，选择"孤岛检测"复选框，可以指定在最外层边界内填充对象的方法，其中包括"普通"、"外部"和"忽略"等 3 种方式，它们填充方式的效果如图 5-18 所示。

【普通】方式：从最外边界向里画填充线，遇到与之相交的内部边界时断开填充线，遇到下一个内部边界时再继续绘制填充线，系统变量 HPNAME 设置为 N。以"普通"方式填充时，如果填充边界内有诸如文字、属性这样的特殊对象，且在选择填充边界时也选择了它们，填充时图案填充在这些对象处会自动断开，就像用一个比它们略大的眼睛看不见的框保护起来一样，以使这些对象更加清晰，如图 5-19 所示。

图 5-18 孤岛的三种填充效果

图 5-19 包含特殊对象的图案填充

【外部】方式：从最外边界向里画填充线，遇到与之相交的内部边界时断开填充线，系统便不再继续往里绘制填充线，系统变量 HPNAME 设置为零。

【忽略】方式：忽略边界内的对象，所有内部结构都被填充线填充，系统变量 HPNAME 设置为 1。

（2）在"边界保留"选项区域中，选择"保留边界"复选框，可将填充边界以对象的形式保留，并可以从"对象类型"下拉列表中选择填充边界的保留类型，如"面域"或"多段线"选项等。

（3）在"边界集"选项区域中，可以定义填充边界的对象集，即 AutoCAD 2016 将根据对象集来确定填充边界。默认情况下，系统根据"当前视口"中的所有可见对象确定填充边界，用户也可以单击"新建"按钮，切换到绘图窗口，然后通过指定对象类定义边界集，此时"边界集"下拉列表框中将显示为"现有集合"选项。

（4）在"允许的间隙"选项区域中，通过"公差"文本框设置允许的间隙大小。在该参数范围内，可以将一个几乎封闭的区域看作是一个闭合的填充边界。默认值为 0 时，对象是完全封闭的区域。

（5）"继承选项"选项区域用于确定在使用继承属性创建图案填充时图案填充原点的位置，可以是当前原点或源图案填充的原点。

在功能区开启的情况下，可单击"图案填充创建"选项卡中的"选项"面板右侧的倒三角 选项 ，在弹出的溢出面板中单击"普通孤岛检查"右侧的倒三角 普通孤岛检测 ，从弹出的下拉列表中选择所需的孤岛填充设置，如图 5-20 所示。

图 5-20　在功能区调用"孤岛检测"

5.2.4　建立关联图案填充

关联图案填充能随边界更改而自动更新。在默认情况下，用"图案填充"命令创建的图案填充区域是关联的。如果要用"图案填充"命令创建非关联图案填充，则需要在功能区"图案填充创建"上下文选项卡的"选项面板中取消选中的"关联按钮 ，如图 5-21 所示。

图 5-21　取消关联

5.2.5　在不封闭区域进行图案填充

填充图案的区域通常是封闭的，但也允许填充边界未完全闭合的区域。实际是通过指定要在几何对象之间桥接的最大间隙，这些对象经过延伸后将闭合边界。

图 5-22　设置允许的间隙

在"图案填充创建"上下文选项卡中，利用"选项"面板的溢出面板中的"允许的间隙"文本框来设置可忽略的最大间隙值，该值默认为 0（默认为 0 表示指定对象必须是封闭的），如图 5-22 所示。

5.2.6　分解图案

图案是一种特殊的块，被称为"匿名"块，无论形状多复杂，它都是一个单独的对象，可以使用"修改"→"分解"命令，或"修改"工具栏→"分解"按钮，或"默认"选项卡→"修改"面板→"分解"按钮，来分解一个已存在的关联图案。

图案被分解后，它将不再是一个单一对象，而是一组组成图案的线条。同时，分解后的图案也失去了与图形的关联性。

5.2.7　控制图案填充的可见性

图案填充的可见性是可以控制的。在 AutoCAD 2016 中可以用两种方法来控制图案填充的可见性，一种是利用控制图层来实现，另一种是用命令 FILL（填充）或改变系统变量 FILLMODE（填充模式）的值来实现。

1．用图层的有关属性控制

对于能够熟练使用 AutoCAD 2016 的用户来说，应该充分利用图层功能，将图案填充单独放在一个设置好的图层上，当不需要显示该图案填充时，将图案所在层关闭或者冻结即可。使用图层控制图案填充的可见性时，不同的控制方式会使图案填充与其边界的关联关系发生变化。

当图案填充所在的图层被关闭后，图案与其边界仍保持着关联关系，即修改边界后，填充图案会根据新的边界自动调整位置。

当图案填充所在的图层被冻结后，图案与其边界脱离关系，即边界修改后，填充图案不会根据新的边界自动调整位置。

当图案填充所在的图层被锁定后，图案与其边界脱离关系，即边界修改后，填充图案不会根据新的边界自动调整位置。

2．使用 FILL 命令

在系统命令行输入命令 FILL 并按 Enter 键后，系统提示如下信息：

输入模式[开(ON)/关(OFF)]<开>：

此时，如果将模式设置为"开(ON)"，则可以显示图案填充；如果将模式设置为"关(OFF)"，则不能显示图案填充。

在使用 FILL 命令设置模式后，用户可以选择"视图"→"重生成"命令，重新生成设置生效后的图形，以观察效果。

也可以使用系统变量 FILLMODE 来控制图案填充的可见性。系统变量 FILLMODE 为 0，隐藏图案填充；系统变量 FILLMODE 为 1，则显示图案填充。

实战演练 5

演练 5.1　运用面域功能绘制如图 5-23 所示的平面图。

（1）创建如图 5-24 所示的 A、B、C 三个面域。

（2）以大圆 A 的圆心为中心，将面域 B 和 C 进行数目为 6 的环形阵列，阵列时取消"关联"，结果如图 5-25 所示。

图 5-23　绘制平面图　　　　图 5-24　绘制基本图形　　　　图 5-25　阵列后效果

（3）选择"修改"→"实体编辑"→"差集"命令，先选择面域 A，按 Enter 键；再选择面域 B、C 及阵列生成的其他面域，按 Enter 键，完成"差集"，生成图 5-23 所示图形。

演练 5.2　计算如图 5-26 所示的平面零件图的质量数据。

（1）根据图 5-26 中尺寸，利用"圆"、"修剪"和"环形阵列"工具绘制零件图，效果如图 5-27 所示。

（2）选择"绘图"→"边界"命令，或单击功能区中"默认"选项卡→"绘图"面板→"边界"按钮，弹出"边界创建"对话框，如图 5-28 所示。

图 5-26　零件图　　　　图 5-27　零件图　　　　图 5-28　"边界创建"对话框

使用打开的"边界创建"对话框定义面域。此时，在"对象类型"下拉列表框中选择"面域"选项（如图 5-28 所示），然后在"边界集"选项单击"新建"，选择如图 5-29 中所示加亮的最外边界曲线对象，单击右键完成边界选择；再单击"拾取点"按钮，拾取图 5-30 中所示虚线内部任意点后，单击右键或按 Enter 键，系统提示创建一个面域，生成如图 5-31 所示面域。

（3）选择"面域"命令，并在绘图窗口中选择一个大圆和五个小圆，如图 5-32 所示，然后按 Enter 键或单击右键，将五个对象转换为面域。

| 图 5-29 选择边界集曲线对象 | 图 5-30 拾取内部点 | 图 5-31 利用最外轮廓创建的面域 |

（4）选择"修改"→"实体编辑"→"差集"命令，选择如图 5-33 所示对象作为要从中减去的面域，然后单击右键。

（5）依次单击如图 5-34 所示的一个大圆和五个小圆，作为被减去的面域，单击右键确认。完成"差集"运算，生成如图 5-35 所示面域。

| 图 5-32 选择对象 | 图 5-33 选择要从中减去的面域 | 图 5-34 选择被减去的面域 |

（6）选择"工具"→"查询"→"面域/质量特性"命令，然后在绘图窗口中选择创建的面域，并单击右键，即可得到该面域的质量特性，如图 5-36 所示。

图 5-35 整体面域

图 5-36 显示面域的质量特性

演练 5.3 按照图 6-32 所示方式进行图案填充。

（1）打开文件第 3 章图 5-37。

（2）在功能区"默认"选项卡中"绘图"面板，单击"图案填充"按钮，或选择"绘图"→"图案填充"命令，或在"绘图"工具栏里单击"图案填充"工具按钮，在功能区显示"图案填充创建"上下文选项卡。设置图案为：ANSI31；角度设为 0；比例设为 1。单击"边界"面板中的"拾取点"按钮，分别拾取图 5-38 中所示 A、B、C、D 区域处的任意点后，单击右键确认。单击"关闭"按钮，结果如图 5-39 所示。

图 5-37　图案填充

图 5-38　填充区域

图 5-39　图案填充后图形

（3）在功能区"默认"选项卡中"绘图"面板，单击"图案填充"按钮，或选择"绘图"→"图案填充"命令，或在"绘图"工具栏里单击"图案填充"工具按钮，在功能区显示"图案填充创建"上下文选项卡。设置图案为：ANSI31；角度设为 90；比例设为 1。单击"边界"面板中的"拾取点"按钮，分别拾取图 5-38 中所示 E、F、G、H 区域处的任意点后，单击右键确认。单击"关闭"按钮完成图案填充。

技能拓展 5

拓展 5.1 利用面域功能绘制如图 5-40 所示平面图形。

拓展 5.2 计算如图 5-41 所示的平面零件图的质量数据。

图 5-40　绘制图形图

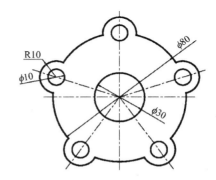

图 5-41　绘制图形并计算零件图质量数据

拓展 5.3 绘制如图 5-42 所示的平面图形并按图示填充图形。

拓展 5.4 绘制如图 5-43 所示的平面图形并按图示填充颜色。

图 5-42 绘制图形并按图示填充图形　　　　图 5-43 绘制图形并按图示填充颜色

第6章　标注图形尺寸

知识目标

掌握尺寸标注包含的四个要素；了解标注样式的规则；掌握不同对象的标注方法。

技能目标

熟练按照国家标准创建标注样式；熟练地对图形进行标注；掌握尺寸标注编辑的技巧。

尺寸标注能准确无误地反映物体的形状大小和相互位置关系，是工程制图的重要环节。AutoCAD 2016 包含了一套完整的尺寸标注命令和实用程序，可以轻松完成图纸中要求的尺寸标注。

6.1　创建标注样式

尺寸标注包括尺寸线、尺寸界线、尺寸文本、箭头等内容，不同行业的图样，标注尺寸时对这些内容的要求是不同的。而同一图样，又要求尺寸标注的形式相同、风格一样，这就是我们要讲的尺寸标注样式。要做到尺寸标注正确，作图前或标注前需要对尺寸标注样式进行设置。

6.1.1　尺寸标注的规则

（1）物体的真实大小应以图样上所标注的尺寸数值为依据，与图形的大小及绘图的准确度无关。

（2）图样中的尺寸以 mm 为单位时，不需要标注计量单位的代号或名称。

（3）图样中所标注的尺寸为该图样所表示的物体的最后完工尺寸，否则另加说明。

6.1.2　尺寸标注的组成要素

标注的类型和外观多种多样，但绝大多数标注都包含标注文字、尺寸线、尺寸界线、尺寸线的端点符号及起点，如图 6-1 所示。

1. 标注文字

表明实际测量值，可以使用由 AutoCAD 2016 自动计算出的测量值。通过设置标注样式，还可以为标注文字附

图 6-1　尺寸标注的要素

加公差、前缀和后缀等内容。标注文字应按标准字体书写，同一张图纸上的字高要一致。在图中遇到图线时须将图线断开，如果图线断开影响图形表达，则需要调整尺寸标注的位置。

2．尺寸线

表明标注的范围，尺寸线的末端通常有箭头，以指示尺寸线的端点，尺寸线一般被分割成两条线。通常情况下，AutoCAD 2016 都将尺寸线放置在测量区域中，如果空间不足，AutoCAD 2016 会把尺寸线或标注文字移到测量区域的外部，具体取决于标注样式的放置规则。对于角度标注而言，尺寸线是一段圆弧。尺寸线使用细实线绘制。

3．尺寸界线

从被标注的对象延伸到尺寸线。尺寸界线一般垂直于尺寸线，但也可以将尺寸界线倾斜。尺寸界线使用细实线绘制。

4．尺寸线的端点符号（即箭头）

箭头显示在尺寸线的末端，用于指出测量开始和结束的位置，AutoCAD 2016 默认使用闭合的填充箭头符号。AutoCAD 2016 还提供了多种符号可供选择，包括建筑标记、点和斜杠等。

5．起点

通常是指尺寸界线的引出点。是尺寸标注对象标注的定义点，系统测量的数据均以起点为参考计量。

6．圆心标记

标记圆或圆弧的圆心。中心线从圆心向外延伸，可以只用圆心标记，也可以同时使用圆心和中心线标记。

6.1.3　尺寸标注的步骤

一般来说，用户在对所建立的每个图形进行标注之前，均应遵守下面的基本过程：

（1）为了便于将来控制尺寸标注对象的显示与隐藏，应为尺寸标注创建一个或多个独立的图层，使之与图形的其他信息分开。

（2）为尺寸标注文本建立专门的文本类型。按照我国对机械制图中尺寸标注数字的要求，应将字体设为斜体（Italic）。为了能在尺寸标注时随时修改标注文字的高度，应将文字高度（Height）设置为 0。我国要求字体的高宽比为 2/3，所以将"宽度比例"设置为 0.67。

（3）充分利用对象捕捉方法，以便快速拾取定义点。

6.1.4　新建标注样式

标注样式控制着标注的格式和外观，使用标注样式可以建立和强制执行图形的绘图标准。AutoCAD 2016 通过"标注样式管理器"新建标注样式。在 AutoCAD 2016 中可通过三种方法调出"标注样式"对话框。

方法一：

（1）在功能区"默认选项卡"中"注释"面板单击"注释"右侧的倒三角 ，弹出注释溢出面板，如图6-2所示。

（2）在注释溢出面板中单击"标注样式" ，弹出如图 6-3 所示的"标注样式"下拉列表。

图 6-2　溢出面板

图 6-3　下拉列表

（3）单击"标注样式"下拉列表底部的"管理标注样式" ，弹出"标注样式管理器"对话框，如图6-4所示。

方法二：在功能区"注释"选项卡中，单击"标注"面板右下角的斜箭头，弹出"标注样式管理器"对话框，如图6-4所示。

方法三：选择菜单"格式"→"标注样式"命令，打开"标注样式管理器"对话框。单击"新建"按钮，在打开的"创建新标注样式"对话框中创建新标注样式，如图6-5所示。

图 6-4　"标注样式管理器"对话框

图 6-5　"创建新标注样式"对话框

对话框中各选项内容介绍如下：

【新样式名】文本框：用于输入新标注样式的名字。

【基础样式】下拉列表框：选择一种基础标注样式，新标注样式将在该基础标注样式上进行修改。

【用于】下拉列表框：用于指定新建标注样式的适用范围。

设置了新标注样式的名称、基础标注样式和适用范围后，单击该对话框中的"继续"按钮，打开"新建标注样式"对话框，可以创建标注中的线、符号和箭头、文字、单位等内容，如图6-6所示。

图 6-6 "新建标注样式"对话框

6.1.5 设置尺寸线和尺寸界线

在"新建标注样式"对话框的"线"选项中包含了"尺寸线"和"尺寸界线"的设置。

【尺寸线】包含以下几个列表框:

"颜色"下拉列表框:设置尺寸线的颜色,默认情况下,尺寸线的颜色随块。可以使用变量 DIMCLRD 设置。

"线型"下拉列表框:设置尺寸界线的线型,该选项没有对应的变量。

"线宽"下拉列表框:设置尺寸线的宽度,默认情况下,尺寸线的线宽也是随块。可以使用变量 DIMLWD 设置。

"超出标记"文本框:控制在使用倾斜、建筑标记、积分箭头或无箭头时,尺寸线超出尺寸界线外面的长度。如图 6-7 所示为超出标记为 0 和非 0 的效果对比。

"基线间距"文本框:控制使用基线型尺寸标注时,两条尺寸线之间的距离,如图 6-8 所示。

图 6-7 超出标记为 0 和非 0 对比

图 6-8 基线间距

"隐藏"选项:控制尺寸线及端部箭头是否隐藏。两个复选框分别控制尺寸线 1 及尺寸线 2,如图 6-9 所示。

【尺寸界线】包含以下几个下拉列表框:

"颜色"下拉列表框:设置尺寸界线的颜色,用变量 DIMCLRE 设置。

"线宽"下拉列表框:设置尺寸界线的宽度,用变量 DIMLWE 设置。

"超出尺寸线"文本框:控制尺寸界线越过尺寸线的距离。可以用变量 DIMEXE 设置。如图 6-10 所示。

图 6-9　隐藏尺寸线 1 和 2 的效果比较　　　　图 6-10　超出尺寸线为 0 和非 0 的效果比较

"起点偏移量"文本框：控制尺寸界线到定义点的距离。如图 6-11 所示。

"隐藏"选项：控制尺寸界线是否隐藏。两个复选框分别控制尺寸界线 1 及尺寸界线 2，如图 6-12 所示。

图 6-11　起点偏移量为 0 和非 0 的效果比较　　　图 6-12　隐藏尺寸界线 1 和 2 效果比较

"固定长度的尺寸界线"复选框：选中该复选框，在"长度"文本框中输入尺寸界线的数值，将使用具有特定长度的尺寸界线标注图形。

6.1.6　设置符号和箭头

【箭头】选项区：设置尺寸线和引线（对应引线标注）箭头的种类及尺寸大小，如图 6-13 所示。机械制图中通常采用箭头，而建筑图中通常采用斜线，同一张图中的箭头或斜线大小要一致，并应采用同一种形式，箭头端点应与尺寸界线接触。

图 6-13　符号与箭头

【圆心标记】选项区：设置圆心标记的类型和大小。其中，"标记"（默认）只在圆心位置以短十字线标注圆心；"直线"标注圆心标记时标注线将延伸到圆外；"无"将关闭中心标记。选择"标记"或"直线"单选按钮时，可以在后面的文本框中设置圆心标记的大小。

通过"圆心标记"命令，可以快速标记圆心或圆中心线。步骤如下：

（1）绘制圆。

（2）选择菜单"标注"→"圆心标记"命令 ⊕ 圆心标记(M) 。

（3）选择标记圆心或中心线的圆即可完成标记，如图 6-14 所示。

【弧长符号】选项区：设置弧长符号显示的位置，包括"标注文字的前缀"、"标注文字的上方"和"无"3 种方式，如图 6-15 所示。

图 6-14　圆心标记　　　　　　　　　　图 6-15　弧长符号

【半径折弯标注】选项区："折弯角度"文本框中，可以设置标注圆弧半径时标注线的折弯角度大小。

半径折弯标注：用法是可在任何位置指定中心位置为标注的原点，以此来代替半径标注中的圆或圆弧的中心点。为什么需要这种标注呢？这是因为有时候我们画一个比较大的圆弧但圆心有时在图纸之外，这时就要用到折弯标注。折弯标注可以另外指定一个点来替代圆心。

【折断标注】选项区："折断大小"文本框中，设置标注折断时标注线的长度。折断标注指在标注线或延伸线与其他线重叠处，打断标注线或延伸线。

【线性折弯标注】选项区："折弯高度因子"文本框中，设置折弯标注打断时折弯线的高度大小。

6.1.7　设置文字

【文字外观】选项区：设置文字的样式、颜色、高度和分数高度比例，以及是否绘制文字边框，如图 6-16 所示。

图 6-16　文字选项

"文字样式"下拉列表框：选择标注的文字样式。也可以单击其后的按钮，打开"文字样式"对话框，选择文字样式或新建文字样式。

"文字颜色"下拉列表框：设置标注文字的颜色，可以用变量 DIMCLRT 设置。

"填充颜色"下拉列表框：用于设置标注文字的背景色。

"文字高度"文本框：用于设置标注文字的高度，也可以用变量 DIMTXT 设置。如果在文字样式中文字高度的值不为 0，则"文字"选项卡设置的文字高度不起作用。换句话说，用"文字"选项卡上的高度设置，必须确保文字样式中的文字高度设置为 0。

"分数高度比例"文本框：设置标注分数和公差的文字高度。AutoCAD 2016 用文字高度乘以该比例，所得到的值来设置分数和公差的文字高度。

"绘制文字边框"复选框：设置是否给标注文字添加边框。

"文字位置"选项区：设置文字的垂直、水平位置以及从尺寸线的偏移。

"垂直"下拉列表框：用于设置标注文字相对于尺寸线在垂直方向的位置，如"居中"、"上"、"外部"、"JIS"和"下"。

居中：标注文字居中放置在尺寸界线间。

上：标注文字放在尺寸线的上方。

外部：标注文字放在远离第一定义点的尺寸线一侧。

JIS：标注文字的放置符合 JIS 标准（日本工业标准），即总是把标注文字放在尺寸线上方，而不考虑标注文字是否与尺寸线平行。

下：标注文字放在尺寸线的下方。

如图 6-17 所示为文字几种垂直位置的效果。

图 6-17 文字垂直位置

"水平"下拉列表框：设置标注文字相对于尺寸线和尺寸界线在水平方向的位置。如"置中"、"第一条尺寸界线"、"第二条尺寸界线"、"第一条尺寸界线上方"、"第二条尺寸界线上方"，如图 6-18 所示。

图 6-18 文字水平位置

【从尺寸线偏移】文本框：设置标注文字与尺寸线之间的距离。若标注文字位于尺寸线的中间，则表示断开处尺寸线端点与尺寸文字的间距。若标注文字带有边框，则可以控制文字边框与其中文字的距离。

"文字对齐"选项区：设置标注文字是保持水平还是与尺寸线平行。

"水平"单选按钮：沿 X 轴水平放置文字，不考虑尺寸线的角度。

"与尺寸线对齐"单选按钮：文字与尺寸线平行。

"ISO 标准"单选按钮：使标注文字按 ISO 标准放置，当标注文字在尺寸界线内时，它的方向与尺寸线方向一致，标注文字在尺寸界线之外时,文字水平排列。图 6-19 显示了上述 3 种文字对齐方式。

图 6-19　文字对齐方式

6.1.8　设置调整

用户可以利用该选项卡控制标注文字、箭头、引线和尺寸线的位置，如图 6-20 所示。

图 6-20　调整选项

（1）"调整"选项区：根据尺寸界线之间的空间控制标注文字和箭头的放置。当两条尺寸界线之间的距离足够大时，总是把文字和箭头放在尺寸界线之间。否则，AutoCAD 2016 按此处的选择移动文字或箭头。

①"文字或箭头（最佳效果）"单选按钮：自动选择最佳放置，这是默认选项。

②"箭头"单选按钮：首先将箭头移出。

③"文字"单选按钮：首先将文字移出。

④"文字和箭头"单选按钮：将文字和箭头都移出。

⑤"文字始终保持在尺寸界线之间"单选按钮：总是将文字放在尺寸界线之内。

⑥"若不能放在尺寸界线内，则消除箭头"复选框：如果不能将箭头和文本放在尺寸界线内，则隐藏箭头。

（2）"文字位置"选项区：设置标注文字的位置，标注文字的默认位置在尺寸界线之间。当文字无法放置在默认位置时，可以在该选项区中设置标注文字的放置位置。

①"尺寸线旁边"单选按钮：将文本放在尺寸线旁边。

②"尺寸线上方，带引线"单选按钮：文本放在尺寸的上方，带上引线。

③"尺寸线上方，不带引线"单选按钮：文本放在尺寸的上方，但不带引线。

（3）"标注特征比例"选项区：设置标注尺寸的特征比例，以便通过设置全局比例因子来增加或减少各标注的大小。

①"将标注缩放到布局"单选按钮：选择该单选按钮，可以根据当前模型空间视口与图纸空间之间的缩放关系设置比例。

②"使用全局比例"单选按钮：用于设置尺寸元素的比例因子，使之与当前比例相符。例如，在一个准备按 1:2 缩小输出的图形中（图形比例因子 2），如果箭头尺寸和文字高度都被定义为 2.5，且要求输出图形中的文字高度和箭头尺寸也为 2.5。用户必须将该值（变量 DIMSCALE）设置为 2，这样，在标注尺寸时 AutoCAD 2016 自动将文字和箭头等放大到高度或长度为 5。当用户用绘图仪输出该图时，长度为 5 的箭头或高度为 5 的文字又减为 2.5。比例不改变尺寸的测量值。

（4）"优化"选项区：可以对标注文字、尺寸线进行细微调整。

"手动放置文字"复选框：可以根据需要手动放置标注文字。

"始终在尺寸界线之间绘制尺寸线"复选框：当尺寸箭头放置在尺寸界线之外时，也可在尺寸界线之内绘制出尺寸线。

6.1.9 设置主单位

选择"主单位"选项卡，如图 6-21 所示，用户可以利用该选项卡设置主单位的格式和精度、文字的前缀和后缀等。

图 6-21 "主单位"选项卡

（1）线性标注选项区：设置线性标注的格式和精度。

①"单位格式"下拉列表框：设置除角度标注之外的其余各标注类型的单位格式，可选择的包括"科学"、"小数"、"工程"、"建筑"、"分数"等。

②"精度"下拉列表框：设置除角度标注之外标注文字中保留的小数位数。

③"分数格式"下拉列表框：设置分数的格式，只有当"单位格式"为"分数"时该设置才可使用。包括"水平"、"对角"和"非堆叠"3种方式。

④"小数分隔符"下拉列表框：设置十进制数的整数部分和小数部分间的分隔符，包括句点、逗点或空格。

⑤"舍入"文本框：为除"角度"之外的所有标注类型设置标注测量值的舍入规则。如果输入0.25，则所有标注距离都以0.25为单位进行舍入。若一个对象的长度为1.76，那么将其圆整为最靠近0.25的倍数即为1.75。

⑥"前缀"和"后缀"文本框：设置标注文本的前缀和后缀，在相应的文本框中输入字符即可。例如，使用的单位不是mm，则此处可设置单位，如m、km等。该符号将覆盖AutoCAD 2016生成的前缀，如直径和半径符号。

⑦"测量单位比例"选项区域：使用"比例因子"文本框可以设置测量尺寸的缩放比例，AutoCAD 2016的实际标注值为测量值与该比例的积。选中"仅应用到布局标注"复选框，可以设置该比例关系仅适用于布局。

⑧"消零"选项区域：设置是否显示尺寸标注中的"前导"和"后续"零。

（2）"角度标注"选项区：设置角度标注的格式。角度标注设置方法和线性标注设置方法类似，不再详述。

6.1.10　设置单位换算

选择"单位换算"选项卡，如图6-22所示，用户可以利用该选项卡设置换算单位的格式和精度、前缀和后缀等。

图6-22　"单位换算"选项卡

在 AutoCAD 2016 中，通过换算标注单位，可以转换使用不同测量单位制的标注，显示公制标注的等效英制标注，或英制标注的等效公制标注。在标注文字中，换算标注单位显示在主单位旁边的方括号［　］中。

当选中"显示换算单位"复选框时，AutoCAD 2016 显示标注的换算单位。设置换算单位的格式、精度、舍入、前缀、后缀和消零的方法与设置主单位的方法相同，但有以下两个设置是换算单位独有的。

（1）"换算单位乘数"：将主单位与输入的值相乘创建换算单位。默认值是 25.4，乘法器用此值将英寸转换为毫米。如果标注一个 1 英寸的直线，标注显示 1.00［25.40］，2 英寸的直线，标注显示 2.00［50.80］。

（2）"位置"选项区域：可以设置换算单位的位置，包括"主值后"和"主值下"方式。如果选中"主值下"，系统将把主单位放置在尺寸线的上方，而将换算单位放置在尺寸线的下方。

6.1.11　设置公差

选择"公差"选项卡，如图 6-23 所示，用户可以利用该选项卡设置公差，此处所设置公差为尺寸公差，这与后面将要介绍的形位公差是不同的。

图 6-23　"公差"选项卡

在"公差格式"选项区域中，可以设置公差的标注格式。

（1）"方式"下拉列表框：确定以何种方式标注公差。

（2）"精度"下拉列表框：设置公差值的小数位数。

（3）"上偏差"、"下偏差"文本框：设置尺寸的上偏差、下偏差。

（4）"高度比例"文本框：确定公差文字的高度比例因子，AutoCAD 2016 将该比例因子与尺寸文字高度之积作为公差文字的高度。

（5）"垂直位置"下拉列表框：控制公差文字相对于尺寸文字的位置，选择"上"选项表示将公差文字与标注文字的顶部对齐；选择"中"选项表示将公差文字与标注文字的中部对齐；选择"下"选项表示将公差文字与标注文字的底部对齐。

（6）"换算单位公差"选项：当标注换算单位时，可以设置换算单位精度和是否消零。

6.2　长度型尺寸标注

长度型尺寸标注是指在两个点之间的一组标注，这些点可以是端点、交点、圆弧端点或者是用户能识别的任意的两个点。

6.2.1　线性标注

线性标注是使用水平、竖直或旋转的尺寸线创建线性标注。在 AutoCAD 2016 中用户可以通过指定两条尺寸界线原点的方式和选择对象的方式完成线性标注。

1．指定两条尺寸界线原点的方式完成线性标注

（1）在功能区"默认"选项卡中的"注释"面板，单击"线性"按钮▱，或选择"标注"→"线性"命令，或在"标注"工具栏中单击"线性"按钮，此时命令行提示如下信息：

指定第一条尺寸界线原点或 <选择对象>:

（2）默认情况下，在命令行提示下直接指定第一条尺寸界线的原点，此时命令行提示如下信息：

指定第二条尺寸界线原点:

（3）在提示下指定第二条尺寸界线原点后，命令行提示如下：

指定尺寸线位置或[多行文字(M)/文字(T)/角度(A)/水平(H)/垂直(V)/旋转(R)]:

【多行文字(M)】和【文字(T)】选项：允许修改系统自动测量的标注文字。

【水平(H)】选项和【垂直(V)】选项：标注水平尺寸和垂直尺寸。可以直接确定尺寸线的位置，也可以选择其他选项来指定标注的标注文字内容或者标注文字的旋转角。

【旋转(R)】选项：旋转标注对象的尺寸线。用于绘制既不是水平方向、也不是垂直方向的尺寸标注，而是根据指定的角度绘制尺寸标注。该角度不同于对齐标注。

旋转标注的尺寸数值是两测量点之间的距离在所旋转角度线上的平行投影距离或垂直投影距离。如图 6-24 所示右侧两图形是旋转30°的标注。

图 6-24　"线性标注"各类效果

（4）此时拖拉鼠标，尺寸标注会随光标移动，在适当位置单击鼠标左键，完成尺寸线的放置。

图 6-24 所示为水平、垂直和旋转线性标注效果。

2．选择对象的方式完成线性标注

（1）在功能区"默认"选项卡中的"注释"面板，单击"线性"按钮□，或选择"标注"→"线性"命令，或在"标注"工具栏中单击"线性"按钮，此时命令行提示如下信息：

指定第一条尺寸界线原点或 <选择对象>:

（2）直接按 Enter 键，此时命令行提示如下信息：

选择标注对象:

同时光标变成小方形的选择模式光标。

要求用户直接选择要标注尺寸的那一条边，AutoCAD 2016 将自动地把所选实体的两端点作为两尺寸界线的起始点。选择要标注的边后，AutoCAD 2016 提示：

指定尺寸线位置或[多行文字(M)/文字(T)/角度(A)/水平(H)/垂直(V)/旋转(R)]:

（3）此时拖拉鼠标，尺寸标注会随光标移动，在适当位置单击鼠标左键，完成尺寸线的放置。

6.2.2 对齐标注

当标注一段带有角度的直线时，可能需要将尺寸线与对象直线平行，这时就要用到对齐尺寸标注。在 AutoCAD 2016 中用户可以通过指定两条尺寸界线原点的方式和选择对象的方式完成对齐标注。

1．指定两条尺寸界线原点的方式完成对齐标注

（1）在功能区"默认"选项卡中的"注释"面板，单击"对齐"按钮⟍，或选择"标注"→"对齐"命令，或在"标注"工具栏中单击"对齐"按钮⟍，可以对对象进行对齐标注，命令行提示如下：

指定第一条尺寸界线原点或 <选择对象>:

（2）选择一点作为第一条尺寸界线原点，此时命令行提示：

指定第二条尺寸界线原点:

（3）选择一点作为第二条尺寸界线原点，此时命令行提示：

指定尺寸线位置或

【多行文字(M)文字(T)角度(A)】

（4）此时拖拉鼠标，尺寸标注会随光标移动，在适当位置单击鼠标左键，完成尺寸线的放置。

2．选择对象的方式完成对齐标注

（1）在功能区"默认"选项卡中的"注释"面板，单击"对齐"按钮⟍，或选择"标注"→"对齐"命令，或在"标注"工具栏中单击"对齐"按钮⟍，可以对对象进行对齐标注，命令行提示如下：

指定第一条尺寸界线原点或 <选择对象>:

（2）直接按 Enter 键，此时命令行提示如下信息：

选择标注对象：

同时光标变成小方形的选择模式光标。

图 6-25　对齐标注

（3）要求用户直接选择要标注尺寸的那一条边，AutoCAD 2016 将自动地把所选择实体的两端点作为两尺寸界线的起始点。选择要标注的边后，AutoCAD 2016 提示：

【多行文字(M)文字(T)角度(A)】

（4）此时拖拉鼠标，尺寸标注会随光标移动，在适当位置单击鼠标左键，完成尺寸线的放置。

如图 6-25 所示为"对齐标注"效果。

6.2.3　弧长标注

弧长标注用于标注测量圆弧或多段线弧线段上的距离。弧长标注步骤如下：

（1）在功能区"默认"选项卡中的"注释"面板，单击"弧长"按钮，或选择"标注"→"弧长"命令，或在"标注"工具栏中单击"弧长"按钮，此时命令提示行提示如下信息：

选择圆弧段或多段线圆弧段：

（2）当选择需要的标注对象后，命令行提示如下：

指定弧长标注位置或 [多行文字(M)/文字(T)/角度(A)/部分(P)/引线(L)]:

（3）此时拖拉鼠标，尺寸标注会随光标移动，单击鼠标左键指定了尺寸线的位置后，系统将按实际测量值标注出圆弧的长度，如图 6-26 所示。

也可以利用多行文字(M)/文字(T)/角度(A)选项，确定尺寸文字或尺寸文字的旋转角度。选择"部分(P)"选项，可以标注选定圆弧某一部分的弧长。

图 6-26　弧长标注

6.2.4　连续标注

连续标注用于创建首尾相连（除第一个尺寸和最后一个尺寸之外）的尺寸标注，在这些尺寸中，前一尺寸的第二尺寸界线就是后一尺寸的第一尺寸界线。在进行连续标注之前，必须先创建或选择一个线性标注、角度标注或坐标标注作为基准标注（如果当前任务中未创建任何标注，将提示用户选择线性标注、坐标标注或角度标注），用于确定连续标注所需要的前一尺寸标注的尺寸界线。

连续标注的步骤如下：

（1）利用"线性标注"建立第一个尺寸，该尺寸的第二条尺寸界线将是后面建立的第一个连续尺寸的第一条尺寸界线。

（2）"标注"→"连续"命令，或在"标注"工具栏中单击"连续"按钮，此时命令行提示如下：

指定第二条尺寸界线原点或 [放弃(U)/选择(S)] <选择>:

（3）确定了下一个尺寸的第二条尺寸界线原点后，AutoCAD 2016 将按连续标注方式标注出尺寸，即把上一个或所选标注的第二条尺寸界线作为新尺寸标注的第一条尺寸界线标注尺寸。命令行再次提示：

指定第二条尺寸界线原点或 [放弃(U)/选择(S)] <选择>：

（4）当标注完成后，按 Enter 键结束命令，如图 6-27 所示。

图 6-27　连续标注

6.2.5　基线标注

基线标注用于多个尺寸标注使用同一条尺寸界线作为尺寸界线的情况，是共用第 1 条尺寸界线（可以是线性的、角度的或坐标尺寸标注）原点的一系列相关标注。

与连续标注一样，在进行基线标注之前也必须先创建（或选择）一个线性、坐标或角度标注作为基准标注。

图 6-28　基线标注

基线标注的步骤如下：

（1）利用"线性标注"建立第一个尺寸，作为后面标注的基准。

（2）选择"标注"→"基线"命令，或在"标注"工具栏中单击"基线"按钮，此时命令行提示如下：

指定第二条尺寸界线原点或 [放弃(U)/选择(S)] <选择>：

（3）确定下一个尺寸的第二条尺寸界线的起始点。AutoCAD 2016 将按基线标注方式标注出尺寸，直到按下 Enter 键结束命令，如图 6-28 所示。

6.3　半径、直径和圆心标注

半径标注命令用于标注圆或圆弧的半径，直径标注命令用于标注圆或圆弧的直径，圆心标注可以标注圆弧和圆的圆心。

1. 半径标注

半径标注用于创建圆或圆弧的半径标注。测量选定圆或圆弧的半径，并显示当前带有半径符号的标注文字。可以使用夹点轻松地重新定位已经生成的半径标注。半径标注步骤如下：

（1）在功能区"默认"选项卡中的"注释"面板，单击"半径"按钮，或选择"标注"→"半径"命令，或在"标注"工具栏中单击"半径"按钮，命令行提示如下：

选择圆弧或圆：

（2）选择要标注半径的圆弧或圆，此时命令行提示如下：

指定尺寸线位置或 [多行文字(M)/文字(T)/角度(A)]：

（3）指定了尺寸线的位置后，系统将按实际测量值标注出圆或圆弧的半径。

也可以利用"多行文字(M)"、"文字(T)"或"角度(A)"选项，确定尺寸文字或尺寸文字的旋转角度。

2. 直径标注

直径标注用于创建圆或圆弧的直径标注。测量选定圆或圆弧的直径，并显示当前带有直径符号的标注文字。可以使用夹点轻松地重新定位已经生成的直径标注。直径标注步骤如下：

（1）在功能区"默认"选项卡中的"注释"面板，单击"直径"按钮 ⊘，或选择"标注"→"直径"命令，或在"标注"工具栏中单击"直径标注"按钮 ⊘，命令行提示如下：

选择圆弧或圆：

（2）选择要标注直径的圆弧或圆，此时命令行提示如下：

指定尺寸线位置或 [多行文字(M)/文字(T)/角度(A)]：

（3）指定了尺寸线的位置后，系统将按实际测量值标注出圆或圆弧的直径。

也可以利用"多行文字(M)"、"文字(T)"或"角度(A)"选项，确定尺寸文字或尺寸文字的旋转角度。当通过"多行文字(M)"和"文字(T)"选项重新确定尺寸文字时，需要在尺寸文字前加前缀%%C，才能使标出的直径尺寸有直径符号 ϕ。

3. 折弯标注

折弯标注用于创建圆或圆弧的折弯标注。当圆或圆弧的中心位于布局之外并且无法在其实际位置显示时，将创建折弯半径标注。可以在更方便的位置指定标注的原点（这个称为中心位置替代）。

在功能区"默认"选项卡中的"注释"面板，单击"折弯"按钮 ⊘，或选择"标注"→"折弯"命令，或在"标注"工具栏中单击"折弯"按钮 ⊘，可以折弯标注圆和圆弧的半径。该标注方式与半径标注方法基本相同，但需要指定一个位置代替圆或圆弧的圆心。

6.3.1　圆心标记

圆心标记用于标注圆和圆弧的圆心。

选择"标注"→"圆心标记"命令，或在"标注"工具栏中单击"圆心标记"按钮 ⊕，即可标注圆和圆弧的圆心。此时命令行提示如下：

选择圆弧或圆：

此时只需要选择待标注其圆心的圆弧或圆即可。

6.4　角度标注与其他类型标注

角度标注主要用来标注圆、圆弧、两条直线或 3 个点之间的夹角。还可以使用其他类型的标注，对图形中的坐标等元素进行标注。

6.4.1　角度标注

角度标注用于测量选定的几何对象或 3 个点之间的角度。

在功能区"默认"选项卡中的"注释"面板，单击"角度"按钮 △，或选择"标注"→"角度"命令，或在"标注"工具栏中单击"角度"按钮 △，命令行提示如下信息：

选择圆弧、圆、直线或 <指定顶点>：

1．选择圆弧

如果选择的对象是一段圆弧，AutoCAD 2016 自动将圆弧的圆心作为顶点，并且将圆弧的两个端点分别作为第 1 条尺寸界线和第 2 条尺寸界线的端点，命令行显示：

指定标注弧线位置或 [多行文字(M)/文字(T)/角度(A)/象限点(Q)]：

可以直接确定标注弧线的位置，AutoCAD 2016 会按实际测量值标注出角度。也可以使用"多行文字(M)"、"文字(T)"及"角度(A)"选项，设置尺寸文字和它的旋转角度。图 6-29 所示为圆弧标注角度。

2．选择圆

如果选择的对象是一个圆。AutoCAD 2016 自动将圆的圆心作为顶点，将选择圆时的点作为角度标注的第 1 条尺寸界线的端点，命令行提示如下：

指定角的第二个端点：

要求确定另一点作为角的第二个端点。该点可以在圆上，也可以不在圆上，然后再确定标注弧线的位置。

标注的角度将以圆心为角度的顶点，以通过所选择的两个点为尺寸界线（或延伸线），如图 6-30 所示。

3．选择直线

如果选择的对象是一条直线，AutoCAD 2016 命令行提示如下信息：

选择第二条直线：

选择另外一条直线后，AutoCAD 2016 将两条直线的交点作为绘制角度尺寸的顶点，用这两条直线作为角的两条边，然后系统提示指定圆弧尺寸线的位置，该尺寸线（弧线）张角通常小于 180°。如果圆弧尺寸线超出了两直线的范围，那么系统会自动添加必要的尺寸界线的延长线。如图 6-31 所示。

图 6-29　圆弧标注角度　　　　图 6-30　圆标注角度　　　　图 6-31　直线标注角度

4．三点绘制角度标注

如果按 Enter 键，AutoCAD 2016 将使用三点方式绘制角度标注尺寸，这时首先需要确定角的顶点，然后分别指定角的两个端点，最后指定标注弧线的位置。

6.4.2 坐标标注

坐标标注用于测量从原点（称为基准）到要素（例如部件上的一个孔）的水平或垂直距离。这些标注通过保持特征与基准点之间的精确偏移量，来避免误差增大，如图 6-32 所示。

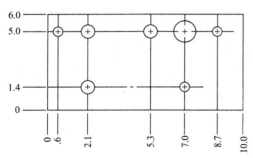

图 6-32 坐标标注示意图

在功能区"默认"选项卡中的"注释"面板，单击"坐标"按钮，或选择"标注"→"坐标"命令，或在"标注"工具栏中单击"坐标标注"按钮，都可以标注相对于用户坐标原点的坐标，此时命令行提示如下：

指定点坐标：

在该提示下确定要标注坐标尺寸的点，系统将显示：

指定引线端点或 [X 基准(X)/Y 基准(Y)/多行文字(M)/文字(T)/角度(A)]:

在"指定点坐标："提示下确定引线的端点位置之前，应首先确定标注点坐标是 X 还是 Y。如果在此提示下相对于标注点上下移动光标，将标注点的 X 坐标；相对于标注点左右移动光标，则标注点的 Y 坐标。

6.4.3 引线标注

引线用来指示图形中包含的特征，然后给出关于这个特征的信息。引线与尺寸标注命令不同，它不测量距离。引线可由直线段或平滑的样条曲线构成，用户可在引线末段输入任何注释，如文字等；也可以为引线附着块参照和特征控制框（特征控制框用于显示形位公差）。

在功能区"默认"选项卡中的"注释"面板，单击"引线"按钮右侧的到三角，在弹出如图 6-33 所示的"引线"下拉表框中单击"引线"按钮，或选择"标注"→"多重引线"命令，或在"多重引线"工具栏中（如图 6-34 所示）单击"多重引线"按钮，都可以创建引线和注释，并且可以设置引线和注释的样式。

图 6-33 "引线"下拉表框

图 6-34 "多重引线"工具栏

各选项功能含义如下：

"引线"选项：创建多引线对象。

"添加引线"选项![添加引线]：将引线添加至现有的多重引线对象。

"删除引线"选项![删除引线]：将引线从现有的多重引线对象中删除。

"对齐"选项![对齐]：将选定的多重引线对象对齐并按一定的间距排列。

"合并"选项![合并]：将包含块的选定多重引线组织整理到行或列中，并通过单引线显示结果。

"多引线样式"![图标]：创建和修改多重引线样式。多重引线样式可以控制引线的外观。

1．创建多重引线标注

（1）单击"引线"按钮![图标]，命令行将提示一下信息：

指定引线箭头的位置或 [引线基线优先(L)/内容优先(C)/选项(O)] <选项>：

（2）在图形中单击确定引线箭头的位置，然后在打开的文字输入窗口输入注释内容即可，如图 6-35 所示。

2．编辑多重引线对象

对多重引线对象的编辑包括将引线添加至多重引线对象；将引线从多重引线对象中删除；设置多重引线对象对齐、隔离与合并。

（1）添加引线。单击"添加引线"按钮![图标]，可以将引线添加至选定的多重引线对象。根据光标的位置，新引线将添加到选定多重引线的左侧或右侧，如图 6-36 所示。添加引线步骤如下：

图 6-35　创建引线

图 6-36　添加引线

① 单击"添加引线"按钮![图标]。

② 选择多重引线。

③ 指定添加引线箭头的位置。

④ 可以继续添加引线箭头的位置。

⑤ 按 Enter 键完成。

（2）删除引线。单击"删除引线"按钮![图标]，可以从选定的多重引线对象中删除引线，如图 6-37 所示。删除引线步骤如下：

① 单击"删除引线"按钮![图标]。

② 选择多重引线。

③ 指定要删除的引线。

④ 可以继续选择要删除的引线。

⑤ 按 Enter 键完成。

（3）对齐。对齐并间隔排列选定的多重引线对象，如图 6-38 所示。对齐引线步骤如下：

图 6-37　删除引线　　　　　　　　　　图 6-38　对齐引线

① 单击"对齐"按钮 。

② 选择要对齐的多重引线，按 Enter 键。

③ 选择要对齐的多重引线。

④ 指定方向。

可以在对齐多重引线对象中更改多重引线对象的间距，步骤如下：

① 单击"对齐"按钮 。

② 选择要对齐的多重引线，按 Enter 键。

③ 此时，命令行提示以下信息：

选择要对齐的多重引线或[选项(O)]：

④ 在命令行中输入"O"，按 Enter 建，命令行提示以下信息：

输入选项[分布(D)使引线线段平行(P)指定间距(S)使用当前距离(U)]<使用当前间距>：

⑤ 根据需要执行以下操作之一。

【D】：将内容在两个选定点之间均匀隔开。

【P】：放置内容并使选定多重引线中的每条最后的引线线段均平行。

【S】：指定选定的多重引线内容范围之间的距离。

【U】：使用多重引线内容之间的当前距离。

（4）合并：将包含块的选定多重引线整理到行或列中，并通过单引线显示结果，如图 6-39 所示。合并引线的步骤如下：

① 单击"合并"按钮 。

② 依次选择要合并成组的的多重引线对象（要求多重引线的类型为块），按 Enter 键。

③ 指定收集的多重引线位置。指定该放置位置之前，可以进行"垂直(V)""水平(H)"或"缠绕(W)"设置。

设置多重引线样式。用户可以根据需要设置多重引线方式。要设置多重引线格式，可以在功能区"注释"选项卡中，单击"引线"面板右下角的斜箭头；也可以在功能区"默认"选项卡的"注释"溢出面板中单击"多重引线样式"按钮 ；或在"多重引线"工具栏中单击"多重引线样式"按钮 ；或在"格式"菜单中选择"多重引线样式"命令，打开如图 6-40 所示的"多重引线样式管理器"对话框，利用该对话框可以新建、修改、删除和设置多重引线样式。

单击"新建"按钮，在如图 6-41 所示"创建新多重引线样式"对话框中创建多重引线样式。

图 6-39　合并引线

图 6-40　"多重引线样式管理器"对话框

设置了新样式的名称和基础样式后，单击该对话框中的"继续"按钮，将打开"修改多重引线样式"对话框，可以指定基线、引线、箭头和内容的格式，如图 6-42 所示。

图 6-41　"创建新多重引线样式"对话框

图 6-42　"修改多重引线样式"对话框

6.4.4　标注间距

"标注间距"命令可以自动调整现有平行尺寸线之间的间距为相等；也可以通过使用间距值 0 使一系列线性标注或角度标注的尺寸线齐平。由于能够调整尺寸线的间距或对齐尺寸线，因而无须重新创建标注或使用夹点逐条对齐并重新定位尺寸线。

选择"标注"→"标注间距"命令，或在"标注"工具栏中单击"标注间距"按钮，可以修改已经标注的图形中的标注线的位置间距大小。执行"标注间距"命令，命令行将提示：

选择基准标注：

在图形中选择第一个标注线，命令行将提示：

选择要产生间距的标注：

选择平行线性标注或角度标注，按 Enter 键结束选择。接下来命令行提示：

输入值或 [自动(A)]<自动>:

输入标注线的间距数值，按 Enter 键完成标注间距。标注间距效果如图 6-43 所示。

图 6-43　标注间距

6.4.5　标注打断

在尺寸线或尺寸界线与几何对象或其他标注相交的位置将其打断。

选择"标注"→"标注打断"命令，或在"标注"工具栏中单击"标注打断"按钮 ⊞，可以在标注线和图形之间产生一个隔断。执行"标注打断"命令，命令行将提示：

选择标注或 [多个(M)]:

选择需要打断的标注线，命令行提示：

选择要打断标注的对象或 [自动(A)/恢复(R)/手动(M)] <自动>:

选择该标注对应的选段，按 Enter 键完成标注打断。

6.4.6　快速标注

快速标注是从选定对象快速创建一系列标注。它特别适合创建系列基线或连续标注，或者为一系列圆或圆弧创建标注。

选择"标注"→"快速标注"命令，或在"标注"工具栏中单击"快速标注"按钮 ⊡，执行"快速标注"命令，选择需要标注尺寸的各图形对象后，命令行提示如下：

指定尺寸线位置或[连续(C)/并列(S)/基线(B)/坐标(O)/半径(R)/直径(D)/基准点(P)/编辑(E)/设置(T)] <连续>:

各选项功能含义如下：

【连续】：创建一系列连续标注。

【并列】：创建一系列并列标注。

【基线】：创建一系列基线标注。

【坐标】：创建一系列坐标标注。

【半径】：创建一系列半径标注。

【直径】：创建一系列直径标注。

【基准点】：为基线和坐标标注设置新的基准点，这时系统要求用户选择新的基准。用户指定一定点，AutoCAD 2016 将返回前面的提示。

【编辑】：AutoCAD 2016 将提示用户从现有标注中添加或删除标注点。

6.5　公差标注

在机械设计中，经常要创建如图 6-44 所示的极限偏差

图 6-44　极限偏差形式的尺寸标注

形式的尺寸标注，利用多行文字功能可以非常方便地创建这类尺寸标注。公差标注的具体步骤如下：

（1）创建 50×30 的矩形。

（2）选择"线性标注"。

（3）选择矩形长度上的两端点。

（4）创建文字：在命令行中输入"M"（即选择【多行文字(M)】选项），并按 Enter键；在系统弹出的文字输入窗口中输入文字字符" %%C50＋0.02＾−0.03 " ⌀50+0.02^-0.03 。

（5）选中" +0.02＾−0.03 " ⌀50+0.02^-0.03 ，并单击此时功能区"文字编辑器"选项卡中"格式"面板中的"堆叠"按钮 ，公差文字变成公差形式 ⌀50+0.02−0.03 。

（6）单击鼠标左键，此时标注的尺寸随光标的移动而移动，在合适位置单击鼠标左键，完成尺寸放置。

6.6　形位公差标注

AutoCAD 2016 提供形位公差标注命令，方便用户（特别是从事机械设计、制造的用户）创建包含在特征控制框中的形位公差。

形位公差包括形状公差和位置公差，是指导生产、检验产品、控制质量的技术依据。图 6-45 是标注形位公差时一般使用的标注样式。它通常由指引线、形位公差代号、形位公差框、形位公差值和基准代号等组成。

图 6-45　形位公差

1. 创建不带引线的形位公差

选择"标注"→"公差"命令，或在"标注"工具栏中单击"公差"按钮 ，打开"形位公差"对话框，可以设置公差的符号、值及基准等参数，如图 6-46 所示。

"形位公差"对话框中各选项功能含义如下：

【符号】选项区：显示或设置所要标注形位公差的符号。单击该区中的图标框■，打开"特征符号"对话框，可以为第 1 个或第 2 个公差选择几何特征符号，如图 6-47 所示。

图 6-46　"形位公差"对话框

图 6-47　"符号"选项区

【公差 1】和【公差 2】选项区域：单击■框插入直径符号，在中间的文本框中可以输入公差值。单击后面的■框，将打开"附加符号"对话框，如图 6-48 所示，从中选择公差包容条件，选择要使用的符号后，对话框将关闭。在"形位公差"对话框中，将符号插入到第一个公差值的"附加符号"框中。

图 6-48 "附加符号"对话框

【基准 1】、【基准 2】和【基准 3】选项区域：设置基准的有关参数，用户可在"基准 1"、"基准 2"和"基准 3"文本框中输入相应的基准代号。

【高度】文本框：设置投影公差带的值。投影公差带控制固定垂直部分延伸区的高度变化，并以位置公差控制公差精度。

【延伸公差带】选项：单击框，在延伸公差带值的后面插入延伸公差带符号。

【基准标识符】文本框：创建由参照字母组成的基准标识符。基准是理论上精确的几何参照，用于建立其他特征的位置和公差带。点、直线、平面、圆柱或者其他几何图形都能作为基准。在该框中输入字母。

2. 创建带引线的形位公差

在图形中创建带引线的形位公差步骤如下：

（1）在命令行输入"LEADER"或"LE"命令并按 Enter 键，命令行提示以下信息：

指定第一个引线点或【设置(s)】<设置>：

（2）在命令行输入"S"，按 Enter 键，系统弹出如图 6-49 所示的"引线设置"对话框。

（3）将"引线设置"对话框的"注释类型"选择为"公差(T)"，还可以在"引线和箭头"选项中进行相应设置，单击"确定"按钮后命令行提示：

指定第一个引线点或【设置(s)】<设置>：

（4）指定引线起点。

（5）指定引线下一个点，系统弹出如图 6-50 所示的"形位公差"对话框。

图 6-49 "引线设置"对话框

图 6-50 "形位公差"对话框

（6）按需要依次选择或输入形位公差符号、公差数值、基准等，单击"确定"按钮后生成如图 6-51 所示的带引线的形位公差。

图 6-51 带引线的形位公差

6.7 编辑尺寸标注

如果已标注的尺寸需要修改，这时不用将所标注的尺寸对象删除并重新进行标注，可利用 AutoCAD 2016 提供的尺寸编辑命令进行修改。

1. 编辑标注

在"标注"工具栏中，单击"编辑标注"按钮，即可编辑标注对象上的标注文字和尺寸界线，此时命令行提示：

输入标注编辑类型 [默认(H)/新建(N)/旋转(R)/倾斜(O)] <默认>:

各选项功能含义如下：

【默认(H)】：选定的标注文字移回到由标注样式指定的默认位置和旋转角。

【新建(N)】：使用"文字格式"对话框修改标注文字。在"文字输入窗口"输入尺寸文本，然后再选择需要修改的尺寸对象。

【旋转(R)】：可以将尺寸文字旋转一定的角度，先设置角度值，然后选择尺寸对象。

【倾斜(O)】：该选项可以调整线性标注尺寸界线的倾斜角度，当尺寸界线与图形的其他部件冲突时，该选项很有用处。先选择尺寸对象，然后设置倾斜角度值。

2. 编辑标注文字

编辑标注文字可以修改现有标注文字的位置和方向。移动和旋转标注文字并重新定位尺寸线。用户可以使用"编辑标注文字"命令更改或恢复标注文字的位置、对正方式和角度。

选择"标注"→"对齐文字"子菜单中的命令，或在"标注"工具栏中单击"编辑标注文字"按钮，命令行提示：

选择标注:

选择需要修改的尺寸对象后，命令行提示：

指定标注文字的新位置或 [左(L)/右(R)/中心(C)/默认(H)/角度(A)]:

默认情况下，Aut0CAD 2016 允许用光标确定标注文字的位置，并在拖动过程中动态更新。在 AutoCAD 2016 提示中，包含的各选项含义如下：

【左(L)】：将标注文字移动到靠近左边的尺寸界线处。该选项适用于线性、半径和直径标注。

【右(R)】：将标注文字移动到靠近右边的尺寸界线处。该选项适用于线性、半径和直径标注。

【中心(C)】：将标注文字移动到尺寸界线中心处。

【默认(H)】：将标注文字移动到原来的位置。

【角度(A)】：改变标注文字的旋转角度。

3. 更新标注

更新标注可以通过更改设置控制标注的外观。选择"标注"→"更新"命令，或在"标注"工具栏中单击"标注更新"按钮，此时命令行提示：

输入标注样式选项[注释性(AN)/保存(S)/恢复(R)/状态(ST)/变量(V)/应用(A)/?] <恢复>:

各选项功能含义如下：

【保存(S)】选项：将标注系统变量的当前设置保存到标注样式。

【恢复(R)】选项：将标注系统变量设置恢复为选定标注样式的设置。

【状态(ST)】选项：查看当前各尺寸系统变量的状态。选择该选项，可切换到文本窗口，显示所有标注系统变量的当前值。

【变量(V)】选项：显示指定标注样式或对象的全部或部分尺寸系统变量及其设置。

【应用(A)】选项：可根据当前尺寸系统变量的设置更新指定的尺寸对象。

【?】选项：显示当前图形中命名的尺寸标注样式。

4. 尺寸关联

指所标注尺寸与标注对象有关联关系。如果标注的尺寸值是自动测量值，且尺寸标注是按尺寸关联模式标注的，则标注对象的大小被改变后相应的标注尺寸也发生变化，即尺寸界线、尺寸线的位置都将改变到相应的新位置，尺寸值也改变成新测量值。反之，改变尺寸界线起始点的位置，尺寸值也会发生相应的变化。

5. 分解尺寸对象

当用户利用 EXPLODE 命令分解尺寸对象时，可将其分解为文本、箭头和尺寸线等多个对象。尺寸对象分解以后，用户可以单独选择尺寸对象的文本、箭头和尺寸线等对象。

实战演练 6

演练 6.1 按机械制图的标准，创建"直线"、"圆或圆弧引出"、"直线直径"等标注样式。

（1）在"标注"工具栏单击"标注样式"按钮，或选择"格式"→"标注样式"命令，打开"标注样式管理器"对话框，如图 6-52 所示。

（2）单击"新建"按钮，在打开的"创建新标注样式"对话框中创建新标注样式。

（3）在"基础样式"下拉列表中选择一种与所要创建的标注样式相近的标注样式作为基础样式（默认状态下，基础样式中只有"ISO-25"一种标注样式，在"新样式名"文字编辑框中输入所要创建的标注样式名称"直线"，如图 6-53 所示。

图 6-52 "标注样式管理"对话框

图 6-53 "创建新标注样式"对话框

（4）单击"创建新标注样式"对话框中的"继续"按钮，弹出如图 6-54 所示的"新建标注样式"对话框，在该对话框中选择"线"选项，进行如下设置：

图 6-54 "线"设置

① 在"尺寸线"区："颜色"设置成 "ByLayer" 随层；"线型"设置为"ByLayer"随层；"线宽"设置成"ByLayer" 随层；"超出标记"设置为"0"；"基线间距"输入数值"7"；关闭"隐藏"选项。

② 在"尺寸界线"区："颜色"设置成"ByLayer" 随层；"尺寸界线 1 的线型"和"尺寸界线 2 的线型"均设置为"ByLayer" 随层；"线宽"设置成"ByLayer" 随层；"超出尺寸线"值输入"2"；"起点偏移量"机械图输入"0"，水工图或建筑图输入"3"以上；关闭"隐藏"选项。

（5）单击"符号和箭头"选项，进行以下设置，如图 6-55 所示。

图 6-55 "符号和箭头"设置

① 在"箭头"区："第一个"和"第二个"下拉列表中机械图、水工图均选择"实心闭合箭头"选项（水工图有时根据需要选择"倾斜"即细 45 度斜线选项，建筑图选择"建筑标记"即粗 45 度斜线选项）；"箭头大小"输入"3"或"4"。

② 在"圆心标记"区:"类型"下拉列表选择"标记"选项,大小为2。

③ "打断标注"选项的"打断大小"为2。

④ "弧长标注"选项选择"标注在文字上方(A)"。

⑤ 其他设置选择系统默认值。

（6）在"新建标注样式"对话框中单击"文字"选项,进行如下设置,如图6-56所示。

图 6-56 "文字"设置

① 在"文字外观"区:单击"文字样式(Y)"右侧的"显示文字样式"按钮
文字样式(Y): Standard ▼ ... ,弹出如图6-57所示的"文字样式"对话框。

图 6-57 "文字样式"对话框

② 单击"文字样式"对话框中的"新建"按钮,在弹出的如图6-58所示的"新建文字样式"对话框中的"样式名"文本框中输入"工程字-35",单击"确定"按钮返回"文字样式"对话框。

③ 在"字体名"下拉列表中选择"Times New Roman","字体样式"下拉列表中选择"斜体","字高"文本框中输入3.5,其他项目为默认数值,如图6-59所示。

图 6-58 "新建文字样式"对话框

图 6-59　新字体样式设置

④ 依次单击"文字样式"对话框中的"应用"和"关闭"按钮，返回"新建标注样式"对话框，选择"文字"选项。

⑤ 在"文字样式"下拉列表中选择已经创建的文字样式"工程字-35"文字样式；"文字颜色"设置为"随层"；"填充颜色"设置为"无"；"文字高度"输入数值"3.5"；"关闭"绘制文字边框开关。

⑥ 在"文字位置"区："垂直"下拉列表中选择"上方"；"水平"下拉列表中选择"置中"；"从尺寸线偏移"值输入"1"。

⑦ 在"文字对齐"区：选择"与尺寸线对齐"选项，其他设置选择系统默认值。

（7）在"新建标注样式"对话框中选择"调整"选项，进行如下设置，如图 6-60 所示。

图 6-60　"调整"选项设置

① 在"调整选项"区：选择"文字始终保持在尺寸界线之间"或"文字"选项；关闭"若箭头不能放在尺寸界线内，则将其消除"复选框开关。

② 在"文字位置"区：选择"尺寸线旁边"选项。

③ 在"标注特征比例"区：选择"使用全局比例"选项，数值为1。

④ 在"调整"区：打开"在尺寸界线之间绘制尺寸线"开关。

（8）在"新建标注样式"对话框中选择"主单位"标签，进行如下设置，如图6-61所示。

图6-61 "主单位"设置

① 在"线性标注"区："单位格式"下拉列表中选择"小数"即十进制；"精度"下拉列表中选择"0"（表示尺寸数值是整数，如是小数应按要求选择）；"小数分隔符"下拉列表中选择："."句点；"比例因子"应根据当前图的绘图比例输入比例值。

② 在"角度标注"区："单位格式"下拉列表中选择"十进制度数"；"精度"下拉列表中选择"0"。

（9）在"新建标注样式"对话框中的"换算单位"和"公差"标签中设置，选择默认设置。

（10）设置完成后，单击"确定"按钮，系统保存新创建的"直线"标注样式，返回"标注样式管理器"对话框，并在"样式"列表框中显示"直线"标注样式名称，完成该标注样式的创建。

（11）单击"标注样式管理器"对话框中"新建(N)..."按钮，打开"创建新标注样式"对话框，按以上操作进行另一新标注样式——"圆或圆弧"标注样式的创建。

（12）"圆或圆弧引出"标注样式的创建是以"直线"标注样式为基础样式，在"新样式名"文字编辑框中输入所要创建的标注样式名称"圆或圆弧"，如图6-62所示。

（13）单击"创建新标注样式"对话框中的"继续…"按钮，弹出"新建标注样式"对话框。

（14）在"新建标注样式"对话框中，只需要修改与"直线"标注样式不同的三处便可。

① 选择"文字"标签：在"文字对齐"区修改"与尺寸线对齐"选项为"水平"选项。

② 选择"调整"标签：在"调整选项"区，选择"文字"选项。

③ 在"调整"区：打开"标注时手动放置文字"开关。

（15）设置完成后，单击"确定"按钮，系统保存新创建的"圆或圆弧引出"标注样式，返回"标注样式管理器"对话框，并在"样式"列表框中显示"圆或圆弧引出"标注样式名称，完成该标注样式的创建。

（16）"直线直径"标注样式的创建是以"直线"标注样式为基础样式，在"新样式名"文字编辑框中输入所要创建的标注样式名称"直线直径"，如图6-63所示。

图 6-62 "创建新标注样式"对话框

图 6-63 "创建新标注样式"对话框

（17）单击"创建新标注样式"对话框中的"继续…"按钮，弹出"新建标注样式"对话框。

（18）在"新建标注样式"对话框中，只需要修改与"直线"标注样式不同的一处便可。

在"主单位"标签：在"线性标注"区，"前缀"后文本输入框中输入"%%c"便可。

（19）设置完成后，单击"确定"按钮，系统保存新创建的"直线直径"标注样式，返回"标注样式管理器"对话框，并在"样式"列表框中显示"直线直径"标注样式名称，完成该标注样式的创建。

（20）单击"标注样式管理器"对话框中"关闭"按钮，完成标注样式的创建。打开"样式"工具栏的"标注样式"下拉列表，可以看到新创建的标注样式，如图 6-64 所示。

图 6-64 "样式"工具栏显示创建"标注样式"

演练 6.2　标注如图 6-65 所示套类图形。

图 6-65 标注尺寸

（1）标注零件图的基本尺寸。

① 根据演练 6.1 所示的方法，按照机械制图的标准，创建"直线"、"圆或圆弧"、"直线直径"等标注样式。

② 打开"标注"工具栏的"标注样式控制"下拉列表，选择"直线"标注样式为当前标注样式，如图 6-66 所示。

图 6-66　选择"直线"为当前标注样式

③ 选择"线性"标注 □ 。

④ 在状态栏上单击"对象捕捉"按钮，打开"对象捕捉"模式。

⑤ 在样图上捕捉圆心 B 点，指定第 1 条尺寸界线的起点；在样图上捕捉交点 C 点，指定第 2 条尺寸界线的起点；然后拖动光标，在适当位置单击，确定尺寸线的位置，创建水平标注 225。同样的方法，分别捕捉需要标注的对象起点，可以标注其他线性对象，如图 6-67 所示。

（2）带直径符号的线性标注。

① 选择"直线直径"标注样式为当前标注样式。

② 选择"线性"标注 □ 。在状态栏上单击"对象捕捉"按钮，打开"对象捕捉"模式。

③ 在样图上捕捉端点 D 点，指定第 1 条尺寸界线的起点；在样图上捕捉端点 E 点，指定第 2 条尺寸界线的起点；然后拖动光标，在适当位置单击，确定尺寸线的位置，创建水平标注 $\phi 95$。同样的方法，分别捕捉需要标注的对象起点，可以标注其他线性对象，如图 6-68 所示。

图 6-67　标注线性对象

图 6-68　带直径符号的线性标注

（3）公差标注。

① 以"直线"为标注样式的基础样式，再新建一个"直线有公差 0.2"标注样式。在"新建标注样式"对话框中，只需要修改与"直线"标注样式不同的一处便可。

选择"公差"选项：在"方式(M)"下拉列表中选取"对称"；"精度(P)"为 0.0；"上偏差"输入"0.2"；其他取默认值，如图 6-69 所示。

② 打开"标注"工具栏的"标注样式控制"下拉列表，选择"直线有公差 0.2"标注样式为当前标注样式。

③ 选择"线性"标注 □。在样图上捕捉端点 F 点，指定第 1 条尺寸界线的起点；在样图上捕捉端点 G 点，指定第 2 条尺寸界线的起点；然后拖动光标，在适当位置单击，确定尺寸线的位置，创建水平标注对称偏差为 0.2 的线性标注。同样的方法，分别捕捉需要标注的对象起点，可以标注其他线性对象。同样方法可以标注其他的公差标注，如图 6-70 所示。

图 6-69　对称公差设置

图 6-70　标注对称偏差

（4）公差与配合代号的标注。

① 打开"标注"工具栏的"标注样式控制"下拉列表，选择"直线直径"标注样式为当前标注样式。

② 选择"线性"标注 □。

③ 在样图上捕捉端点 F 点，指定第 1 条尺寸界线的起点；在样图上捕捉端点 H 点，指定第 2 条尺寸界线的起点；然后拖动光标，系统提示：

指定尺寸线位置或［多行文字(M)/文字(T)/角度(A)/水平(H)/垂直(V)/旋转(R)］：

在命令行中输入字母"T"，按 Enter 键，命令行提示：

输入标注文字 <95>:

在命令行中输入"%%c95h6"。

在适当位置单击，确定尺寸线的位置，如图 6-71 所示。同样的方法，分别捕捉需要标注的对象起点，可以标注其他公差与配合的代号。

（5）标注形位公差。

① 打开 "标注"工具栏的"标注样式控制"下拉列表，选择"直线"标注样式为当前标注样式。

② 在命令行输入"LE"命令，按 Enter 键，命令行提示以下信息：

指定第一个引线点或 ［设置(S)］ <设置>:

在提示行中输入 S，按 Enter 键。在打开的"引线设置"对话框中选择"公差"单选按钮，然后单击"确定"按钮，如图 6-72 所示。

图 6-71 标注公差与配合代号

图 6-72 "引线"设置对话框

③ 在样图上捕捉 "$\phi95h6$"尺寸线下端箭头，命令行提示：

指定下一点：

然后在垂直向上相对下一点选取一点，命令行提示：

指定下一点：

向水平方向向右选取一点，系统弹出"形位公差"对话框。

④ 在"形位公差"对话框中，单击"符号"选项区域下方的黑方块，在打开的"符号"对话框中选择 ◎ 符号，单击"公差 1" 列前面的黑方块添加直径符号，并在文本框中输入公差值"0.04"，在"基准 1"文本框中输入基准参照字母 A，如图 6-73 所示。然后单击"确定"按钮，关闭"形位公差"对话框，此时标注结果如图 6-74 所示。

图 6-73 "形位公差"对话框

图 6-74 创建形位公差

技能拓展6

拓展 6.1 绘制如图 6-75 所示的图形并标注。

拓展 6.2 绘制如图 6-76 所示的图形并标注。

图 6-75 绘制图形并标注   图 6-76 绘制图形并标注

拓展 6.3 绘制如图 6-77 所示的图形并标注。

拓展 6.4 绘制如图 6-78 所示的图形并标注。

图 6-77 绘制图形并标注

图 6-78 绘制图形并标注

拓展 6.5 绘制如图 6-79 所示的图形并标注。

图 6-79 绘制图形并标注

拓展 6.6 绘制如图 6-80 所示的零件图并标注。

图 6-80 绘制零件图并标注

第7章　文字与表格

知识目标

　　了解工程图中需要注写文字的场合；掌握单行文字和多行文字的编辑；了解工程图中使用表格的场合。

技能目标

　　熟练掌握创建文字样式的方法；熟练掌握创建和编辑文字的方法和技巧；熟练掌握设置表格样式并创建表格。

　　工程图中包含有文字，例如，技术要求、标题栏和明细表等。AutoCAD 2016 提供了非常强的注写及编辑文字功能。在 AutoCAD 2016 中，使用表格功能可以创建不同类型的表格，还可以在其他软件中复制表格，简化制图操作。

7.1　使用文字

　　在一个完整的图样中，通常都包含一些文字注释来标注图样中的一些信息，如图形中的技术要求、装配说明，材料说明、施工要求等。

7.1.1　创建文字样式

　　根据所绘图形的不同用途，有些说明文字要求使用黑体，某些场合要求使用斜体，对我国用户而言，通常还要使用汉字。所以，设置文本样式是进行文本注释的首要任务。

　　在功能区"注释"选项卡中，单击"文字"面板右下角的斜箭头，或选择"格式"→"文字样式"命令，打开"文字样式"对话框，利用该对话框可修改或创建文字样式，如图 7-1 所示。该对话框中主要选项的意义如下：

图 7-1　"文字样式"对话框

图 7-2 "新建文字样式"对话框

【样式列表】：当前可使用的文字样式。

【置为当前】按钮：将选定的文字样式设置为当前文字样式。

【新建】按钮：单击该按钮，AutoCAD 2016 将打开"新建文字样式"对话框，如图 7-2 所示，在"样式名"文本中输入新建文字样式名后，单击"确定"按钮可创建新的文字样式。

【删除】按钮：单击该按钮，可以删除所选择的文字样式，但无法删除已经被使用了的文字样式和默认的 Standard 样式。

【字体名】下拉列表框：用于选择字体。"字体样式"下拉列表框用于选择字体格式，如常规、斜体、粗体等，但不是所有的字体都能设置。选中"使用大字体"复选框，"字体样式"下拉列表框变为"大字体"下拉列表框，用于指明使用汉字。

【高度】编辑框：用于设置输入文字的高度。如果将其设置为 0，则用户在输入文本时提示指定文本高度。如果希望将该文本样式用作尺寸文本样式，则高度值必须设置为 0，否则用户在设置尺寸文本样式时所设置的文本高度将不起作用。

【颠倒】和【反向】复选框：用于倒置和反向显示字符。

【垂直】复选框：用于垂直排列文本选项。对于 TrueType 字体而言，该选项不可用。

【宽度比例】文本框：用于设置文字字符的高度和宽度之比。当宽度比例为 1 时，按系统定义的高宽比书写文字；当宽度比例小于 1 时，字符会变窄；当宽度比例大于 1 时，字符会变宽。

【倾斜角度】编辑框：用于指定文本字符倾斜角（默认为 0，即不倾斜），其范围为 −85°～+85°。角度为正，向右倾斜；反之，向左倾斜。

7.1.2　创建与编辑单行文字

在 AutoCAD 2016 中，用户可以创建和编辑文字。对于不需要使用多种文字的简短内容，可创建单行文本。使用单行文本可以创建单行文本或多行文本，每一行都是一个文字对象，可以进行单独编辑。

1. 创建单行文字

选择"绘图"→"文字"→"单行文字"命令，或单击"文字"工具栏中的"单行文字"按钮键$\boxed{A}$，或在功能区"默认"选项卡的"注释"面板中，单击"单行文字"按钮$\boxed{A}$，均可以创建单行文字对象。

执行该命令时，命令行提示：

当前文字样式："Standard"　文字高度: 2.5000　注释性: 否　对正: 左

指定文字的起点或　[对正(J)/样式(S)]：

【指定文字的起点】：默认情况下，通过指定单行文字行基线的起点位置创建文字。

【设置对正方式】：在"指定文字的起点或对正(J) / 样式(s)："提示下输入 J，可以设置文字的排列方式。此时命令行显示如下提示：

输入选项

[对齐(A)/调整(F)/中心(C)/中间(M)/右(R)/左上(TL)/中上(TC)/右上(TR)/左中(ML)/正中(MC)/右中(MR)/左下(BL)/中下(BC)/右下(BR)]：

在 AutocAD 2016 中，系统为文字提供了多种对正方式。

【对齐(A)】：可以确定文本的起点和终点，AutoCAD 自动调整文本高度，以使文本在两点之间。

【调整(F)】：确定文本的起点、终点与高度，AutoCAD 2016 自动调整宽度系数，使文本适于放在两点之间。

【中心(C)】：确定一点为文本基线的中点。

【中间(M)】：确定一点为文本的中间点，即以该点为文字行的水平和竖直中点。

【右(R)】：确定文本基线右端点。

【"左上(TL)"、"中上(TC)"和"右上(TR)"】，分别表示将以所确定点作为文字行顶线的始点、中点和终点。

【"左中(ML)"、"正中(MC)和右中(MR)"】分别表示将以所确定点作为文字行中线的始点、中点和终点。

【"左下"(BL)、"中下(BC)"和"右下(BR)"】分别表示将以所确定点作为文字行底线的始点、中点和终点。

【设置当前文字样式】：在"指定文字的起点或：[对正(J)／样式(s)]："提示下输入 S，可以设置当前使用的文字样式，命令行显示如下提示：

输入样式名或 ［？］ <Standard>:

可以直接输入文字样式的名称，也可输入"？"，在"AutoCAD 2016 文本窗口"中显示当前图形已有的文字样式。

7.1.3　创建与编辑多行文字

AutoCAD 2016 的多行文字是单独的对象，是由任意数目的文字行或段落组成。多行文字用于较长的、较复杂的内容，在多行文字中可以很方便地添加特殊符号等。用户可以多行文字进行移动、旋转、复制、删除、镜像或缩放操作。多行文字的应用比单行文字的应用灵活很多，编辑选项也比单行文字多。

创建多行文字的步骤如下：

（1）选择"绘图"→"文字"→"多行文字"命令，或单击"文字"工具栏中的"多行文字"按钮Ａ，或在功能区"默认"选项卡的"注释"面板中，单击"多行文字"按钮Ａ。

（2）在绘图窗口中指定边框的两个对角点以定义多行文字的宽度。如果功能区处于激活状态，AutoCAD 2016 将打开"文字编辑器"功能区上下文选项卡，并显示一个多行文字输入框，如图 7-3 所示；如果功能区未处于激活状态，则显示如图 7-4 所示的在位文字编辑器。

图 7-3　"文字编辑器"上下文选项卡和文字输入框

图 7-4 "文字格式"编辑器和文字输入框

（3）利用"文字编辑器"中的"样式"和"格式"面板，设置所需的文字样式和文字格式。

（4）利用"插入"面板，可以在多行文字输入框中添加特殊符号。

（5）利用"段落"面板，可对多行文字进行段落形式、对齐方式、部分字符的特殊格式等进行设置。

（6）单击"关闭"按钮 ✕，完成多行文字的创建。

7.1.4　在多行文字中插入特殊符号

在创建多行文字的过程中可以插入一些特殊符号，如"度数"、"直径"、"正负"、"几乎相等"等。

在功能区"文字编辑器"选项卡的"插入"面板中单击"符号"按钮 @，展开如图 7-5 所示的符号下拉菜单，从中选择所需符号的选项以在多行文字中插入该符号。

图 7-5　"符号"下拉菜单

若功能区未激活，在创建多行文字时候，可以在打开的"文字格式"编辑器中单击符号按钮 @·，展开如图 7-6 所示的符号下拉菜单，从中选择所需符号的选项以在多行文字中插入该符号。

图 7-6　"符号"下拉菜单

有些其他特殊符号可以在如图 7-7 所示的"字符映射表"对话框中选择。在上述的"符号"下拉菜单中选择"其他"命令即可打开"字符映射表"对话框。

图 7-7 "字符映射表"对话框

7.1.5 创建堆叠文字

堆叠文字是指应用于多行文字对象和多重引线对象中的字符的分数与公差格式。图 7-8 所示的是几组堆叠文字方式。创建堆叠文字的步骤如下：

$$\varnothing 20^{+0.03}_{-0.02} \qquad \varnothing 20\frac{H7}{p6} \qquad \varnothing 20^{H7}\!/_{p6}$$

图 7-8 堆叠文字

（1）依次单击"默认"选项卡→"注释"面板→"多行文字"按钮 **A**。

（2）指定边框的对角点以定义多行文字对象的宽度。

（3）输入要堆叠的文字，并用以下字符中的一个作为分隔符：

【正斜杠 (/)】：以垂直方式堆叠文字，由水平线分隔。

【磅字符 (#)】：以对角形式堆叠文字，由对角线分隔。

【插入符 (^)】：创建公差堆叠，不用直线分隔。

（4）执行以下操作之一。

手动堆叠：选择文字，然后在"文字编辑器"选项卡的"格式"面板上，单击"堆叠"⫶。"文字编辑器"选项卡是功能区上的一个上下文选项卡，它会在用户选择多行文字对象时显示。

自动堆叠：在事先设置启用"自动堆叠文字"功能的前提下，输入由"插入符(^)"分隔的数字后，再输入一个非数字字符或按空格键，文字将自动堆叠。

例 7.1：在"文字编辑器"输入框中输入 *Ø50 +0.03^-0.01*；接着选择 *+0.03^-0.01*；然后在"文字编辑器"选项卡的"格式"面板上，单击"堆叠"⫶，堆叠结果如图 7-9 所示。

最后单击"关闭文字编辑器"按钮 。

图 7-9　堆叠结果

例 7.2：在"文字编辑器"输入框中输入 *Ø40* *+0.016^-0.02* ，其中*Ø40*与*+0.016^-0.02*之间用"空格"隔开；然后在数字"0.02"后按空格键，*+0.016^-0.02* 将自动堆叠，结果如图 7-10 所示。

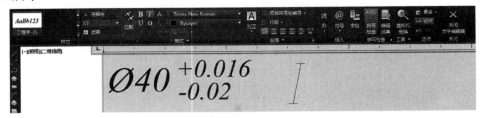

图 7-10　堆叠结果

更改堆叠文字的特性步骤如下：

① 双击多行文字对象，然后选择已堆叠的文字。

② 单击显示在文字附近的闪电图标 ⚡，在弹出如图 7-11 所示的快捷菜单中，单击"堆叠特性"；或者直接双击选中的已堆叠文字，弹出"堆叠特性"对话框，如图 7-12 所示。

③ 在"堆叠特性"对话框中，根据需要更改设置。

④ 要指定自动堆叠的特性，单击"自动堆叠"按钮即可。

图 7-11　快捷菜单

图 7-12　"堆叠特性"对话框

7.1.6　控制码与特殊符号

在 AutoCAD 2016 中，某些符号（如上画线、下画线、直径等）不能用标准键盘直接输入，用户可使用某些替代形式输入这些符号。由于输入这些符号时，单行文本所使用的编码方法不同于多行文本，下面分别介绍使用上述命令输入的方法。

AutoCAD 2016 的控制符由两个百分号（％％）及在后面紧接一个字符构成，常用的控制符如表 7-1 所示。

注：控制码一定要在英文输入状态下输入才能生效。

表 7-1　常用的控制符

控 制 码	功　　能
%%O	打开或关闭上画线
%%U	打开或关闭下画线
%%D	度（°）
%%C	直径（Φ）
%%P	正负（±）

7.1.7　编辑文本

1. 编辑单行文字

用户可以通过"菜单"命令和文字"夹点"对单行文字进行相应编辑。单行文字编辑包括编辑文字的内容、对正方式及缩放比例，可以选择"修改"→"对象"→"文字"子菜单中的命令进行设置。如图 7-13 所示为用于编辑文字的菜单命令。

图 7-13　用于编辑文字的菜单命令

各命令的功能含义如下：

【编辑】命令：选择该命令，在绘图窗口中选择需要编辑的单行文字，进入文字编辑状态，可以重新输入文本内容。

也可以在绘图窗口中直接双击输入的单行文字，进入文字编辑状态，重新输入文本内容。

【比例】命令：选择该命令，在绘图窗口中选择需要编辑的单行文字，此时需要输入缩放的基点以及指定新高度、匹配对象(M)或缩放比例(S)。

【对正】命令：选择该命令，在绘图窗口中单击需要编辑的多行文字，此时可以重新设置文字的对正方式。

例 7.3：修改文字对象的比例。

（1）选择"修改"→"对象"→"文字"→"比例"命令，命令行提示：

选择对象：

（2）选择所要修改的文字对象，按 Enter 键完成选择，命令行提示；

　　　输入缩放的基点选项

［现有(E)/左(L)/中心(C)/中间(M)/右(R)/左上(TL)/中上(TC)/右上(TR)/左中(ML)/正中(MC)/右中(MR)/左下(BL)/中下(BC)/右下(BR)］　<现有>：

（3）按 Enter 键，命令行提示：

指定新模型高度或　［图纸高度(P)/匹配对象(M)/比例因子(S)］　<3.5>：

（4）在命令行输入"S"，按 Enter 键，命令行提示：

指定缩放比例或[参照（R）]<2>：

（5）在命令行输入"1.5"，按 Enter 键，完成文字对象的修改。

完成操作后，文字对象放大为原来的 1.5 倍，如图 7-14 所示。

文字对象编辑　文字对象编辑

图 7-14　修改文字对象比例结果

单击单行文字或者多行文字，则在文字对象上显示夹点（小正方形）。选择一个夹点可以对文字对象进行拉伸、移动、缩放、镜像、旋转等操作。

例 7.4：使用夹点对文字对象进行 30°旋转

（1）选择要选择的文字对象，选择夹点，命令行提示：

　　　** 拉伸 **

指定拉伸点或[基点(B)复制(C)放弃(U)退出(X)]：

（2）此时按空格键或 Enter 键，命令行会依次在"拉伸"、"MOVE"、"旋转"、"比例缩放""镜像"间循环切换。

（3）切换至"旋转"状态，命令行提示：

** 旋转 **

指定旋转角度或 [基点(B)/复制(C)/放弃(U)/参照(R)/退出(X)]：

（4）在命令行输入"30"，并按 Enter 键，旋转结果如图 7-15 所示。

图 7-15　利用"夹点"旋转文字对象

2. 编辑多行文字

上述单行文字的编辑方法同样也适用于多行文字的编辑。

也可以直接双击所需编辑的多行文字，在功能区显示如图 7-16 所示的"文字编辑器"上下文选项卡，可对多行文字进行编辑。

图 7-16　"文字编辑器"上下文选项卡

例 7.5： 修改多行文字对象的对齐方式

（1）选择"修改"→"对象"→"文字"→"对齐"命令，命令行提示：

选择对象：

（2）选择所要修改的文字对象，按 Enter 键完成选择，命令行提示：

输入对正选项

［左(L)/对齐(A)/调整(F)/中心(C)/中间(M)/右(R)/左上(TL)/中上(TC)/右上(TR)/左中(ML)/正中(MC)/右中(MR)/左下(BL)/中下(BC)/右下(BR)］ <左>:

（3）在命令行输入"MC"并按 Enter 键，或单击 正中(MC) 选项，完成多行文字"正中"对齐，如图 7-17 所示。

文字对象编辑　　　　　　文字对象编辑

文字对象的对齐方式　　文字对象的对齐方式

图 7-17　编辑文字对象对齐方式

7.2　使用表格

在 AutoCAD 2016 中，可以使用创建表格命令创建表格，还可以从 Microsoft Excel 中直接复制表格，并将其作为 AutoCAD 2016 表格对象粘贴到图形中，也可以从外部直接导入表格对象。此外，还可以输出来自 AutoCAD 2016 的表格数据，以供在 Microsoft Excel 或其他应用程序中使用。

7.2.1　创建表格样式

表格的外观由表格样式控制。默认情况下，表格样式是"Standard"。"Standard"表格样式如图 7-18 所示，第一行是标题行，第二行是表头行，其他行是数据行。

用户也可以根据自己的需要创建表格样式，步骤如下。

（1）在功能区选择"注释"选项卡→"表格"面板右下角的斜箭头，或选择"格式"→"表格样式"命令，打开如图7-19所示的"表格样式"对话框。

图7-18 "Standard"表格的外观　　　　　　　图7-19 "表格样式"对话框

（2）在"表格样式"对话框中，单击"新建"按钮，在打开的"创建新的表格样式"对话框中，输入新表格样式的名称，如图7-20所示。

（3）在"基础样式"下拉列表中，选择一种表格样式作为新表格样式的默认设置，新样式将在该样式的基础上进行修改。单击"继续"，打开如图7-21所示的"新建表格样式"对话框，在其中设置"表格方向"、"单元样式"等内容。

图7-20 "创建新的表格样式"对话框　　　　图7-21 "新建表格样式"对话框

7.2.2 设置表格样式

在"新建表格样式"对话框中，"单元样式"选项区域的下拉列表框中可以使用"数据"、"标题"和"表头"选项来分别设置表格的数据、标题和表头对应的样式。其中，"数据"选项如图7-21所示，"标题"选项如图7-22所示，"表头"选项如图7-23所示。由图可看出以上三个选项的设置内容基本相似。

图 7-22　"标题"选项　　　　　　　　　图 7-23　"表头"选项

1. "基本"选项卡

（1）填充颜色：指定单元的背景色。默认值为"无"，也可以选择"选择颜色"打开
"选择颜色"对话框，从中选择单元的背景色。

（2）对齐：设置表格单元中文字的对正和对齐方式。文字相对于单元的顶部边框和底部
边框进行居中对齐、上对齐或下对齐。文字相对于单元的左边框和右边框进行居中对正、左
对正或右对正。

（3）格式：为表格中的"数据"、"列标题"或"标题"行设置数据类型和格式。单击该
按钮将显示"表格单元格式"对话框，从中可以进一步定义格式选项。

（4）类型：将单元样式指定为标签或数据。

（5）水平：设置单元中的文字或块与左右单元边界之间的距离。

（6）垂直：设置单元中的文字或块与上下单元边界之间的距离。

（7）创建行/列时合并单元：将使用当前单元样式创建的所有新行或新列合并为一个单
元。可以使用此选项在表格的顶部创建标题行。

2. "文字"选项卡

（1）文字样式：列出图形中的所有文字样式。

（2）文字高度：设置文字高度。数据和列标题单元的默认文字高度为 0.1800。表标题
的默认文字高度为 0.25。

（3）文字颜色：指定文字颜色。选择列表底部的"选择颜色"可显示"选择颜色"对
话框。

（4）文字角度：设置文字角度。默认的文字角度为 0°，可以输入–359°到+359°之间
的任意角度。

3. "边框"选项卡

（1）线宽：通过单击边界按钮，设置将要应用于指定边界的线宽。如果使用粗线宽，有
可能要增加单元边距。

（2）线型：通过单击边界按钮，设置将要应用于指定边界的线型。将显示标准线型随块、随层和连续，或者可以选择"其他"加载自定义线型。

（3）颜色：通过单击边界按钮，设置将要应用于指定边界的颜色。

（4）双线：将表格边界显示为双线。

（5）间距：确定双线边界的间距。默认间距为 0.1800。

7.2.3 创建新表格

在功能区选择"注释"选项卡"表格"→"表格"按钮，或选择"绘图"→"表格"命令，打开"插入表格"对话框，如图 7-24 所示。

图 7-24 "插入表格"对话框

"表格样式"选项区：从列表中选择一个表格样式，或单击下拉菜单右侧的启动"表格样式"对话框按钮，创建一个新的表格样式。

"插入选项"选项区的各选项含义如下：

【从空表格开始】：创建可以手动填充数据的空表格。

【从数据链接开始】：从外部电子表格中的数据创建表格。

【从数据提取开始】：启动"数据提取"向导。

"插入方式"选项区各选项含义如下：

【指定插入点】：指定表格左上角的位置。可以使用指定点，也可以在命令提示下输入坐标值。如果表格样式将表格的方向设置为由下而上读取，则插入点位于表格的左下角。

【指定窗口】：指定表格的大小和位置。可以使用指定点，也可以在命令提示下输入坐标值。选定此选项时，行数、列数、列宽和行高取决于窗口的大小以及列和行的设置。

"列和行设置"选项区的各选项含义如下：

【列数】：指定列数。选定"指定窗口"选项并指定列宽时，"自动"选项将被选定，且列数由表格的宽度控制。如果已指定包含起始表格的表格样式，则可以选择要添加到此起始表格的其他列的数量。

【列宽】：指定列的宽度。选定"指定窗口"选项并指定列数时，则选定了"自动"选项，且列宽由表格的宽度控制。最小列宽为一个字符。

【数据行数】：指定行数。选定"指定窗口"选项并指定行高时，则选定了"自动"选项，且行数由表格的高度控制，带有标题行和表格头行的表格样式最少应有三行。最小行高为一个文字行。如果已指定包含起始表格的表格样式，则可以选择要添加到此起始表格的其他数据行的数量。

【行高】：按照行数指定行高。一个"行高"是系统根据表格样式中的文字高度及单元边距确定出来的。

例7.6： 建立如图7-25所示的表格。

（1）在功能区选择"注释"选项卡"表格"→"表格"按钮，或选择"绘图"→"表格"命令，打开"插入表格"对话框。

（2）在"插入表格"对话框的"表格样式"选项组中选择"Standard"表格样式；在"插入选项"选项组中选择"从空表格开始"；在"插入方式"选项组中选择"指定插入点"；列数为6，列宽为20；数据行数为3，行高为1。如图7-26所示。

图7-25 表格示例的内容：

零件尺寸参考表					
序号	A1	A2	B2	B2	C
1					
2					
3					

图7-25 表格示例　　　　图7-26 设置新表格

（3）单击"插入表格"对话框中的"确定"按钮，命令行提示：

指定插入点：

（4）在绘图区单击鼠标，放置空表格。

（5）填写表格。双击表格中的单元格，在功能区将显示如图7-27所示"文字编辑器"上下文选项卡，实现该单元格内的文字输入。

图7-27 "文字编辑器"上下文选项卡

（6）按照上述之（5）的方法依次填写表格单元格。

7.2.4 编辑表格和表格的单元格

1. 通过夹点修改表格的行高和列宽

修改单一行高或列宽的步骤如下：

（1）在所要修改行高或列宽的任意单元格内单击鼠标，该单元格被选中，上下和左右正中间各有一个夹点，如图7-28所示。

图7-28 选中需修改行高或列宽的单元格

注：上夹点和下夹点用于修改行高；左夹点和右夹点用于修改列宽。

（2）选中上夹点或下夹点，命令行提示：

** 拉伸 **

指定拉伸点或 [基点(B)/复制(C)/放弃(U)/退出(X)]:

（3）开启"正交"模式，向上或向下拖移光标，并在命令行长输入所要增加或减少的行高量。如本例中输入1，代表行高增加或减少1mm。

（4）生成效果如图7-29所示。

图7-29 单一行高的修改示例

单一列宽的修改如单一行高的修改一样，不再赘述。

均匀更改表格高度和宽度的步骤如下：

（1）单击表格上的任意网格线，使表格显示夹点，如图7-30所示。

图7-30 利用夹点统一拉伸表格高度和宽度

（2）拖拉左下箭头夹点可统一拉伸表格高度；拖拉右上角箭头夹点可统一拉伸表格宽度。

2. 利用"特性"选项板编表格

使用"特性"选项板编辑表格步骤如下。

（1）单击要编辑的行或列中的任意单元格。

（2）选择菜单"修改"→"特性"命令，或单击鼠标右键，从弹出的快捷菜单中选择"特性"命令，弹出如图7-31所示的特性选项板。

（3）在特性选项板中可以直接输入数值，修改单元宽度和单元高度。

3. 编辑表格的单元格

单击选中所需编辑的单元格，此时在功能区显示"表格单元"上下文选项卡，如图7-32所示。该选项卡的主要功能选项含义如下：

"行"面板：包含插入行和删除行。

【从上方插入】：在所选单元格上方插入一行。

【从下方插入】：在所选单元格下方插入一行。

【删除行】：删除所选单元格所在的行。

"列"面板：包含插入列和删除列。

【从左侧插入】：在所选单元格左侧插入一列。

【从右侧插入】：在所选单元格右侧插入一列。

【删除列】：删除所选单元格所在的列。

"合并"面板：包含合并单元和取消合并单元。

图 7-31　特性选项板

图 7-32　"表格单元"上下文选项卡

在进行合并单元格操作时，需要选择要合并的多个单元格，可在选择第一个单元格后，按 Shift 键在另外一个单元格内单击，则同时选中这两个单元格以及它们为对角线所形成的矩形框内的所有单元格。所图 7-33 所示，选择了单元格 E、F 后所选中的单元格。

图 7-33　选择多个单元格

选中所需合并的多个单元格之后，单击"合并"按钮即可。也可以单击按行合并按钮或按列合并按钮。

"单元样式"面板：包含"匹配单元"和"对齐方式"。

【匹配单元】：将选定表格单元的特性应用到其他单元。

【对齐方式】：设定单元格内文字对象与单元框的对齐方式。

实战演练 7

演练 7.1 创建国标规定的工程数字及英文工程字体。

（1）在功能区依次单击"注释"选项卡→"文字"面板右下角斜箭头 ■，或选择"格式"→"文字样式"命令，打开如图 7-34 所示的"文字样式"对话框。

（2）单击"新建"按钮，在弹出的如图 7-35 所示的"新建文字样式"对话框中的"样式名"文本框中输入"数字及英文工程字体"，单击"确定"按钮后返回至"文字样式"对话框。

图 7-34 "文字样式"对话框

图 7-35 "新建文字样式"对话框

（3）此时，在"样式(S)"列表中已有"数字及英文工程字体"样式名字，如图 7-36 所示。

图 7-36 新建"数字及英文工程字体"样式

（4）在"文字样式"对话框中进行设置："字体名(F)"选择框内选择"gbeitc.shx"字体；"字高"为 0；"宽度因子"为 1。

注："gbeitc.shx"字体是国标规定的工程用数字及英文斜体字体。

（5）依次单击"应用"、"关闭"按钮，完成文字样式的创建。

演练 7.2　创建国标规定的中文工程字体。

国标规定中文工程字体为长仿宋体。

（1）在功能区依次单击"注释"选项卡→"文字"面板右下角斜箭头 ，或选择"格式"→"文字样式"命令，打开"文字样式"对话框，选择"新建"，建立一个名称为"中文工程字体"的文字样式。

（2）在"文字样式"对话框进行如下设置：

【字体名】："长仿宋体"。

【字体样式】：常规。

【高度】：0。

【宽度因子】：1。

【倾斜角度】：0。如图 7-37 所示。

图 7-37　新建"中文工程字体"文字样式

（3）先单击"应用"按钮，再单击"关闭"按钮，完成中文工程字体创建。

演练 7.3　注写图 7-38 中所示的文字，字体为长仿宋体；字高为 10。

（4）单击"注释"选项卡→"文字"面板→"文字样式"右侧倒三角，在弹出如图 7-39 所示的下拉列表中选择已经创建的"中文工程字体"文字样式。

工程图中汉字格式

图 7-38　注写单行文字

图 7-39　选择文字样式

（5）单击"注释"选项卡→"文字"面板→"单行文字"按钮，或选择"绘图"→"文字"→"单行文字"命令，命令行提示为：

当前文字样式:"Standard"　文字高度:2.5000　注释性:否　对正:左

指定文字的起点或 ［对正(J)/样式(S)］：

（6）输入 J 回车，命令行提示：

指定文字的起点 或 [对正(J)/样式(S)]: j

输入选项 [左(L)/居中(C)/右(R)/对齐(A)/中间(M)/布满(F)/左上(TL)/中上(TC)/右上(TR)/左中(ML)/正中(MC)/右中(MR)/左下(BL)/中下(BC)/右下(BR)]:

（7）再输入 M（即中间对齐），并按 Enter 键，命令行提示：

指定文字的中间点：

（8）在绘图区中间位置单击鼠标左键，命令行提示：

指定高度 <2.5000>:

（9）在命令行中输入数字"10"（输入文字高度 10），按 Enter 键，命令行提示：

指定文字的旋转角度 <0>:

（10）在命令行输入数字"0"（输入 0°），按 Enter 键，切换到中文输入模式，输入"工程图中汉字格式"，按 Enter 键完成。

演练 7.4　创建如图 7-40 所示的技术要求。

图 7-40　注写"技术要求"

（1）如演练 7.1 中所述，建立"中文工程字体"文字样式。

（2）单击"注释"选项卡→"文字"面板→"文字样式"右侧倒三角，在弹出的下拉列表中选择"中文工程字体"文字样式。

（3）单击"注释"选项卡→"文字"面板→"多行文字"按钮，或选择"绘图"→"文字"→"多行文字"命令。

（4）在绘图区单击鼠标两次，以确定多行文字对象的宽度，此时，功能区显示出如图 7-41 所示的"文字编辑器"上下文选项卡，绘图区出现多行文字输入框。

图 7-41　"文字编辑器"上下文选项卡和多行文字输入框

（5）在"样式"面板中的文字大小输入框中，输入数字 5 并按 Enter 键，确定当前字号为 5 号。

（6）在多行文字输入框中输入"技术要求"，按 Enter 键换行。

（7）再次在"样式"面板中的文字大小输入框中，输入数字 3.5 并按 Enter 键，确定当前字号为 3.5 号。

（8）在多行文字输入框中依次输入其他文字。

（9）在"技术要求"前单击鼠标，利用空格键调整"技术要求"字样与其他文字的相对位置。

（10）单击关闭按钮█ ，完成多行文字创建。

演练 7.5 创建如图 7-42 所示的明细表。

定位器装配图明细表							
序号	代号	名称	数量	材料	重量		备注
					单件	总计	
1	6A01	板	1	HT150			
2	GB/T5782-2000	螺栓M12x50	2	35			表面氧化
3	GB/T97.1-2002	垫圈12-140HV	2				表面氧化
4	6A01-02	底板	1	HT150			
5	6A01-03	螺钉	1	45			表面氧化
6	GB/T6107-2000	螺哥M14	1	35			表面氧化

图 7-42　创建表格

（1）单击功能区"注释"选项卡→"表格"面板右下角斜箭头█，选择"格式"→"表格样式"命令，打开如图 7-43 所示的"表格样式"对话框。

图 7-43　所示的"表格样式"对话框

（2）选择"新建"按钮，新建一个名称为"定位器明细表"的表格样式，打开"新建表格样式"对话框，如图 7-44 所示。

（3）在"单元样式"选项区域的下拉列表框中选择"数据"选项，设置文字对齐方式为"正中"，文字高度为 3.5；在"单元样式"选项区域的下拉列表框中选择"表头"选项，设置文字对齐方式为"正中"，文字高度为 4.5；在"单元样式"选项区域的下拉列表框中选择"标题"选项，设置文字对齐方式为"正中"，文字高度为 5；设置"页边距"中的"水平"和"垂直"均为1。

图 7-44　"新建表格样式"对话框

（4）依次单击"确定"和"关闭"按钮，关闭"新建表格样式"和"表格样式"对话框。

（5）单击功能区"注释"选项卡→"表格"面板→"表格"按钮，或选择"绘图"→"表格"命令，打开如图 7-45 所示的"插入表格"对话框。

图 7-45　"插入表格"对话框

（6）在"表格样式设置"选项区域中单击"表格样式名称"下拉列表框后的按钮，打开"表格样式"对话框，在"样式"列表中选择样式："定位器明细表"；在插入方式选项区域中选择"指定插入点"单选按钮；在"列和行设置"选项区域中分别设置"列"和"数据行"文本中的数值为 8 和 7；列宽：20，行高：1；其他为默认值。

（7）单击"确定"按钮，返回绘图窗口，用鼠标单击，绘出如图 7-46 所示的表格。

	A	B	C	D	E	F	G	H
1								
2								
3								
4								
5								
6								
7								
8								
9								

图 7-46　表格

（8）双击第一行单元格，功能区显示如图 7-47 所示的"文字编辑器"上下文选项卡。在"样式"面板中选择已建好的"工程图中汉字—长仿宋体"文字样式；并在表格第一行输入文字"定位器装配图明细表"，单击"确定"，效果如图 7-48 所示。

图 7-47 "文字编辑器"上下文选项卡

图 7-48 在单元格中输入文字

（9）拖动鼠标选中 A2、A3 单元格，功能区显示如图 7-49 所示的"表格单元"上下文选项卡，单击该选项卡中的"合并"面板→"合并单元"→"完全合并"按钮，将 A2 和 A3 单元格合并，如图 7-50 所示。用同样方法可以合并其他需要合并的单元格，并利用夹点对各列宽度进行拖拉调整。

图 7-49 "表格单元"上下文选项卡

图 7-50 合并单元格

（10）单击其他单元格，同样方法输入相关文字内容。

演练 7.6 创建如图 7-51 所示的表格。

（1）单击功能区"注释"选项卡→"表格"面板右下角斜箭头，选择"格式"→"表格样式"命令，打开"表格样式"对话框。

（2）单击"新建"按钮，弹出如图 7-52 所示的"创建新的表格格式"对话框。在"新样式名"文本框中输入"钢筋的混凝土保护层厚度"；"基础样式"选择"Standard"。单击"继续"按钮，弹出如图 7-53 所示的"新建表格样式"对话框。

（3）在"新建表格样式"对话框中的"单元样式"选项区域中设置如下：

钢筋的混凝土保护层厚度				
环境与条件	构建名称	混凝土强度等级		
		低于C25	C25及C30	高于C30
室内正常环境	板、墙、壳	15		
	梁和柱	25		
露天或室内高湿度环境	板、墙、壳	35	25	15
	梁和柱	45	35	25

图 7-51　创建表格　　　　　　　　　图 7-52　"创建新的表格格式"对话框

"标题"选项中的"文字高度"为 5；"表头"选项中的"文字高度"为 3.5；"数据"选项中的"文字高度"为 3.5；其他选择都是默认值。单击"确定"按钮，返回如图 7-54 所示的"表格样式"对话框。

图 7-53　"新建表格样式"对话框

图 7-54　"表格样式"对话框

（4）在"表格样式"对话框中单击"置为当前"按钮，将刚创建的"钢筋的混凝土保护层厚度"置为当前；单击"关闭"按钮。

（5）单击功能区"注释"选项卡→"表格"面板→"表格"按钮，或选择"绘图"

→"表格"命令，打开如图 7-55 所示的"插入表格"对话框。

图 7-55 "插入表格"对话框

（6）在"插入表格"对话框中进行如图 7-52 所示的参数设置。行数和列数均为 5；列宽为 20；行高为 1。单击"确定"按钮，在绘图区单击鼠标，放置表格，绘制出如图 7-56 所示的表格。

（7）利用"特性"选项板调整表格单元格的行高和列宽。单击第一行单元格，再单击鼠标右键，在弹出的快捷菜单中单击"特性"命令，此时弹出如图 7-57 所示的"特性"选项板，将该选项板中的单元高度值修改为"13"后并关闭选项板。

图 7-56 绘制的表格

（8）选中 E2 到 E7 单元格（如图 7-58 所示），再单击鼠标右键，在弹出的快捷菜单中单击"特性"命令，此时弹出如图 7-59 所示的"特性"选项板，将该选项板中的单元高度值修改为"8"后关闭选项板。这样就使从第 2 行到第 7 行的所有行高都设置成了 8。

图 7-57 "特性"选项板

图 7-58 选中所需调整行高的单元格

（9）选中 A2 到 B7 所有单元格（如图 7-60 所示），单击鼠标右键，在弹出的快捷菜单中单击"特性"命令，此时弹出如图 7-61 所示的"特性"选项板，将该选项板中的单元宽度值修改为"40"后关闭选项板。这样就使 A 列和 B 列的列宽都设置成了 40。

图 7-59　统一设置多行行高　　　图 7-60　选中所需调整列宽的单元格　　　图 7-61　统一设置多列列宽

（10）利用"演练 7.3"中所讲授的方法，对表格进行单元格合并与文字填充。

技能拓展 7

拓展 7.1　用多行文字标注图 7-62 所示文字。要求：字体为长仿宋；"技术要求"四个字字高为 5 号；其他汉字高为 3.5 号。

技术要求

1. 未标注圆角R3。
2. 铸件不得有气孔、裂纹。
3. 铸件退火处理，消除内应力。

图 7-62　标注多行文字

拓展 7.2　创建如图 7-63 所示的表格。

6	泵轴	1	45	
5	垫圈B12	2	A3	GB97-76
4	螺母M12	8	45	GB98-76
3	内转子	1	45	
2	外转子	1	40Cr	
1	泵体	1	HT25-47	
序号	名称	数量	材料	备注
泵体装配图明细表				

图 7-63　创建表格

第8章 块与外部参照和设计中心

知识目标

了解块的含义；了解外部参照在绘制图形中的优点；了解设计中心管理文件和绘制文件的优点。

技能目标

熟练掌握创建块、创建有属性的块、插入块、编辑块；把已有的图形文件以参照的形式插入到当前图形中；熟练运用设计中心管理和绘制图形文件。

在 AutoCAD 2016 中使用块是提高绘图效率的有效方法，而且能够增加绘图的准确性，提高绘图速度和减小文件大小等。用户也可以把已有的图形文件以参照的形式插入到当前图形中（即外部参照），或是通过 AutoCAD 2016 设计中心浏览、查找、预览、使用和管理 AutoCAD 2016 图形、块、外部参照等不同的资源文件。

8.1 创建块

无论绘制机械图形还是建筑图形，其中都有一些通用部件，如齿轮、轴、门窗、家具、标题框等。因此，在绘图时可将这些通用部件定义成块，再将其应用于当前图形或其他图形中，从而可以增加绘图的准确性和提高绘图速度。由于使用块时图形中仅保留一个块定义及若干块引用，因此，通过使用块还可减小文件的大小。

8.1.1 由已绘制的图形创建块

在 AutoCAD 2016 图形文件中，由已创建好的当前图形创建块的步骤如下：

（1）新建一个空白文件，在绘图区绘制需要写成块的图形对象，例如，绘制如图 8-1 所示的锥度符号。

（2）在功能区单击"默认"选项卡→"块"面板→"创建"按钮，或在功能区单击"插人"选项卡→"块定义"面板→"创建块"按钮，或选择"绘图"→"块"→"创建"命令，或单击"绘图"工具栏中"创建块"按钮，或直接在命令行中输入 Block 命令，打开"块定义"对话框，可以将已绘制的对象创建为块，如图 8-2 所示。

（3）设置块名称。在"块定义"对话框的"名称"文本框中输入块的名称。最多可以使用 255 个字符。在此例中，输入"锥度符号"块名称。

（4）设置块的插入点。在"基点"选项组，用户可以直接输入基点的坐标，也可以单击"拾取点"按钮，在屏幕上直接指定一点。

实际上，基点可以视为一个参照点，在插入一个块时，AutoCAD 2016 需要用户指定块在图形中的"插入点"，被插入的块将以"基点"为基准，放在图形中指定的位置。在此例中，单击"拾取点"按钮，并捕捉图 8-1 所示的 A 点作为锥度块的插入点。

图 8-1　所示的锥度度符号

图 8-2　"块定义"对话框

（5）选取组成块的源图形对象。用户可利用"对象"选项组中所包含"选择对象"按钮和"快速选择"按钮选取组成块的源图形对象。

【选择对象】按钮：用户直接选择要包含在块中的对象。

【快速选择】按钮：选择该选项后系统将弹出"快速选择"对话框，然后利用该对话框定义选择集。

在此例中，单击【选择对象】选项，并选择如图 8-3 所示图形。

（6）设置源图形对象的处理方式。在创建块后，对源图形对象的处理有三种方式："保留"、"转换为块"和"删除"。

【保留】单选按钮：创建块后仍在绘图窗口保留组成块的各图形对象。

【转换为块】单选按钮：创建块后将组成块的对象保留并把它们转换成块。

【删除】单选按钮，创建块后删除绘图窗口组成块的原对象。

在此例中，选择"保留"单选项。

（7）用户可以根据实际情况在"方式"选项区域中更改默认的复选框。

【按同一比例缩放】复选框：设置对象是否按统一的比例进行缩放。

【允许分解】复选框：设置对象是否允许被分解。

（8）在"说明"文本框中输入当前块的说明。此说明将显示在 AutoCAD 2016 设计中心。

块的各选择项设置完成之后如图 8-4 所示。

图 8-3　选择组成块的源图形

图 8-4　创建块的选项设置

（9）单击"块定义"对话框中"确定"按钮，完成块定义。

8.1.2 写块

用 BLOCK 命令创建块时，该块只能在当前的图形中使用。但是在很多情况下，需要在其他图形中使用这些块的实例，WBLOCK（写块）命令即用于将图形中的全部或者部分对象以文件的形式存写，并可以像在图形内部定义的块一样，将一个图形文件插入图形中。

写块的步骤如下：

（1）新建一个空白文件，在绘图区绘制需要写成块的图形对象，例如，绘制如图 8-5 所示的表面粗糙度符号。

（2）在功能区单击"插入"选项卡→"块定义"面板→"写块"按钮，或在命令行输入 WBLOCK 并按 Enter 键，此时系统弹出如图 8-6 所示的"写块"对话框。

图 8-5　表面粗糙度符号

图 8-6　"写块"对话框

（3）定义组成块的对象来源。在"写块"对话框的"源"选项组中，有"块"、"整个图形"和"对象"三个单项选择项用于定义写入块的来源。

【块】单选项：选取某个用 BLOCK（块定义）命令创建的块作为写入来源。所有用 BLOCK 命令创建的块都会列在其后的下拉列表中。

【整个图形】单选项：选取当前的全部图形作为写入块的来源。选择此选项后，系统自动选取全部图形。

【对象】单选项：选取当前的图形中的某些图形对象作为写入块的来源。选择此选项后，系统可根据需要使用"基点"选项组和"对象"选项组来设置块的插入基点和组成块的对象。此例中，选择"对象"选项，并单击"对象"选项组中的"选择对象"按钮，在绘图区选择如图 8-7 所示的写入块源图形。

图 8-7　选择要写入块的源图形

（4）选择写入块的对象。在"对象"选项组中的"保留"、"转化为块"和"从图形中删除"三个单选项的功能含义与 BLOCK 命令创建块的含义一样。此例中，选择"保留"单选项。

（5）设置写入块的插入点。单击"基点"选择项组中的"拾取点"按钮 ，在绘图区捕捉如图 8-2 所示的 A 点。

（6）设定写入块的保存路径和文件名。在"目标"选项组的"文件名和路径"下拉列表中，输入块文件的保存路径和名称；也可以单击下拉列表后面的按钮，在弹出的"浏览图形文件"对话框中设定写入块的保存路径和文件名。

（7）设置插入单位。在"插入单位"下拉列表中选择从 AutoCAD 2016 设计中心拖动块时的缩放单位。此例中，选择默认的"毫米"单位。

写入块的选项设置完成后如图 8-8 所示。

（8）单击"写块"对话框中的"确定"按钮，完成块的写入操作。

图 8-8　写入块的选项设置

8.1.3　块与图层的关系

块可以由绘制在若干图层上的对象组成，系统可以将图层的信息保留在块中，当插入这样的块时，AutoCAD 2016 执行如下标准：

（1）块插入后，位于原来图层上的对象被绘制在当前层，按当前层的颜色与线型绘出。

（2）对于块中其他图层上的对象，若块中包含有与图形中的图层同名的层，块中该层上的对象仍绘制在图中的同名层上，并按图中该层的颜色与线型绘制。块中其他图层上的对象仍在原来的层上绘出，并给当前图形增加相应的图层。

（3）如果插入的块由多个位于不同图层上的对象组成，那么冻结某一对象所在的图层后，此图层上属于块上的对象将不可见；当冻结插入块时的当前层时，不管块中各对象处于哪一层，整个块将不可见。

8.2　插入块

创建好块后，在需要时可以采用"插入"的方式来调用块图形。在实际制图中通常将所需的块插入到图形中，然后对插入的块进行编辑处理。

插入块的步骤如下：

（1）在功能区单击"默认"选项卡→"块"面板→"插入"按钮，接着选择"更多现象"命令，或选择菜单"插入"→"块"命令，或单击"绘图"工具栏中"插入块"按钮，打开"插入"对话框，如图 8-9 所示。

（2）在"名称"下拉列表框：单击文本框后的下拉箭头，从当前图形中已被定义的块名列表中选择一个名称，将其插入到图形中。也可以单击其后的"浏览"按钮，打开"选择图形文件"对话框，选择保存的块和外部图形。

（3）"插入点"选项组：设置块的插入点位置。如果清除"在屏幕上指定"复选框，那么在 X、Y、Z 文本框中分别输入 X、Y、Z 的坐标值定义插入点。如果希望通过在屏幕上拾取插入点，那么应选中"在屏幕上指定"复选框。

图 8-9 "插入"对话框

（4）"比例"选项组：设置块的插入比例。可直接在 X 、Y 、Z 文本框中输入块在 3 个方向的比例，也可以通过选中"在屏幕上指定"复选框在屏幕上指定。默认的缩放比例值为 1（原图比例）。如果指定的比例值在 0～1 之间，那么插入的块尺寸比原对象的尺寸小；如果指定的比例值大于 1，那么插入的块尺寸比原对象的尺寸大。如果将 X 轴和 Y 轴方向的比例值都设定为−1，那么该对象进行"双向镜像"，其效果就是将块旋转 180°。如果希望在屏幕上指定比例值，那么应选中"在屏幕上指定"复选框。"统一比例"复选框用于确定所插入块在 X、Y、Z 3 个方向的插入比例是否相同，选中时表示比例将相同，只需在 X 文本框中输入比例值。

（5）"旋转"选项组：设置块插入时的旋转角度。指定的块旋转角度不论为正或者为负，都是参照于块的原始位置。可直接在"角度"文本框中输入角度值，也可以选择"在屏幕上指定"复选框，在屏幕上指定旋转角度。

（6）"分解"复选框：选择该复选框，可以将插入的块分解成组成块的各基本对象。

MINSERT 命令（多重插入）用于生成块的矩形阵列，该命令实际上是将阵列命令和块插入命令合二为一的命令。但是，尽管表面上 MINSERT 的效果同 ARRAY 命令一样，但它们本质上是不同的。ARRAY 命令产生的每一个目标都是图形文件中的单一对象，而使用 MINSERT 产生的多个块则是一个整体，用户不能单独编辑其中一个组成块。

（7）设置完成后，单击"插入"对话框中的"确定"按钮，若在上述（3）的"插入点"选项中设置的是"在屏幕上指定"，此时，所插入的块将在块的"插入点"处附着在光标上，捕捉到块要插入的点处单击鼠标，完成块插入。

8.3 块应用综合实例

利用块创建如图 8-10 所示的螺栓图形。

图 8-10 螺栓

（1）新建一个空白文件，并按螺杆的比例画法，绘制如图 8-11 所示的两图形。

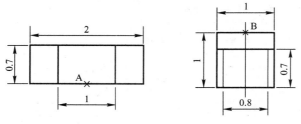

图 8-11　比例画法的螺杆尺寸

（2）用 WBLOCK（写块）命令在如图 8-11 所示的两图形，创建"螺栓头"和"螺杆"两个块文件。在命令行中，输入 WBLOCK，并按 Enter 键，弹出如图 8-12 所示的"写块"对话框。

"源"选项组中选择"对象"单选项；单击"基点"选项组中的"拾取点"按钮，并捕捉图 8-11 左图中下边中点 A 为块的基点；单击"对象"选项组中的"选择对象"按钮，并选择如图 8-13 所示的图形对象；设置文件名为"螺栓头"，并设置保存路径。

图 8-12　"写块"对话框

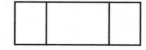

图 8-13　选择螺栓头块所包含的图形

单击"写块"对话框中"确定"按钮，完成块"螺栓头"的创建。

同样，创建完成块"螺杆"，基点设置在图 8-11 右图上边中点 B 处。

（3）在功能区单击"默认"选项卡→"块"面板→"插入"按钮，接着选择"更多现象"命令，弹出如图 8-14 所示的"插入"对话框。

在"插入"对话框中按图 8-14 进行设置。单击"名称"后面的"浏览"按钮，在弹出如图 8-15 所示的"选择图形文件"对话框中选取上面创建的"螺栓头"文件；"插入点"选项组选择"在屏幕上指定"；在"比例"选项组中，勾选"统一比例"并输入比例为"30"；"旋转"选项组中设置"角度"为 90。

（4）单击"确定"按钮，完成"螺栓头"的插入。插入后的"螺栓头"块旋转了

90°，并在 X 和 Y 方向放大为 30 倍。

图 8-14 "插入"对话框　　　　　　图 8-15 "选择图形文件"对话框

（5）同样，插入块"螺杆"，插入时按图 8-16 所示进行设置。插入后的"螺杆"块旋转了 90°，并在 X 方向放大为 30 倍，Y 方向放大为 200 倍。

（6）设置完成后，单击"确定"按钮，光标拖动螺杆到如图 8-17 所示的中点位置，单击鼠标，完成螺杆的放置。

图 8-16 螺杆插入时的设置　　　　　　图 8-17 放置螺杆

注：块插入后，可利用"分解"命令将块分解后再继续编辑。在本例中可将块分解后再继续修改与完善螺栓的绘制，如添加倒角或调整螺纹长度等。

8.4 定义与编辑块属性

在 AutoCAD 2016 中，用户可对任意块指定关于该块的附加信息。这些属性就好比附于商品上的标签一样，它包含关于所附商品的各种信息，如商品制造者、型号、原材料和价格等。在定义一个块时，属性必须预先定义而后选定。通常属性用于在块的插入过程中进行自动注释。

8.4.1 创建属性

（1）在功能区单击"插人"选项卡→"块定义"面板→"定义属性"按钮，或选择菜单"绘图"→"块"→"定义属性"命令，打开如图 8-18 所示的"属性定义"对话框。

图 8-18 "属性定义"对话框

（2）定义属性模式。在"模式"选项组中，设置块的有关属性模式。

"模式"选项组中的各选项含义如下：

【不可见】复选框：表示属性不显示在图形中，它主要用于定义一些诸如成本、存货等本不应属于图形块的信息，用户可以通过提取这些属性来生成报表。

【固定】复选框：表示属性不可更改。

【验证】复选框：表示插入块时提示验证属性值是否正确。

【预置】复选框：表示当用户不输入数据时将使用属性的默认值。

【锁定位置】复选框：用于固定插入块的坐标位置。

【多行】复选框：用于使用多段文字来标注块的属性值。

（3）定义属性内容。在"属性"选项组中对属性内容进行设置。"属性"选项组中的各选项含义如下：

【标记】文本框：输入属性的标记，标识图形中每次出现的属性。使用任何字符组合（空格除外）输入属性标记。小写字母会自动转化为大写字母。

【提示】文本框：输入插入块时系统显示的提示信息。如果不输入提示，属性标记将用作提示。

【默认】文本框：输入属性的默认值。

（4）定义属性文字的插入点。

【在屏幕上指定】复选框：选中"在屏幕上指定"，在绘图区拾取一点作为插入点。

【"X"、"Y"、"Z"】文本框：在不选"在屏幕上指定"复选框的情况下，"X"、"Y"和"Z"文本框被激活，可以直接输入坐标值以确定插入点位置。

（5）定义属性文字的特征。在"文字设置"选项组中设置属性文字的放置特征、文字样式、高度和旋转角度。

（6）设置完"属性定义"对话框中的各项内容后，单击对话框中的"确定"按钮。

（7）在提示下使用鼠标指定该属性的插入点，并放置属性，系统将完成一次属性定义，用户可以用上述方法为块定义多个属性。

注：在创建带有附加属性的块时，需要同时选择块属性作为块的成员对象。

8.4.2 创建带有附加属性的块

（1）创建块所包含的图形对象。

（2）创建块属性。

（3）利用 BLOCK 或 WBLOCK 命令创建块。创建时，需把块所包含的源图形和属性一并作为块的成员。

8.4.3　块属性应用综合实例

创建如图 8-19（a）所示的块标题栏，并且标题栏中包含 A、B、C、D 4 个属性，各属性包含的内容如图 8-19（b）所示。

项目	标记	提示
属性A	设计人姓名	请填写设计人姓名
属性C	校核人姓名	请填写校核人姓名
属性C	绘图比例	请填写绘图比例
属性D	零件材料	请填写零件材料

（a）　　　　　　　　　　　　　　（b）

图 8-19　创建带有属性的块标题栏

（1）打开文件"第 8 章/t8-19"，在功能区单击"插入"选项卡→"块定义"面板→"定义属性"按钮，打开如图 8-20 所示的"属性定义"对话框。

（2）按图 8-20 所示进行属性定义设置，单击"确定"按钮，将创建的属性放置在图 8-19（a）所示的属性 A 处。同样方法，完成另外三个属性定义，完成后效果如图 8-21 所示。

图 8-20　"属性定义"对话框

图 8-21　添加属性

（3）创建带有属性的标题栏块。在功能区单击"插入"选项卡→"块定义"面板→"写块"按钮，或在命令行输入 WBLOCK 并按 Enter 键，此时系统弹出如图 8-22 所示的"写块"对话框。按图 8-22 所示进行块的相关设置，以标题栏右下角为基点。同时选中块所包含的所有图形与属性，如图 8-23 所示。

（4）单击"确定"按钮，完成块的创建。

（5）插入标题栏。在功能区单击"默认"选项卡→"块"面板→"插入"按钮，接着选择"更多现象"命令，弹出如图 8-24 所示的"插入"对话框，单击"名称"后"浏览"按钮，选择所建的"标题栏"块，并按图 8-24 所示进行插入块的设置后，单击"确定"按钮，系统弹出如图 8-25 所示的"编辑"属性对话框。

图 8-22 "写块"对话框

图 8-24 "插入"对话框

图 8-23 选择块所包含的图形与属性

图 8-25 "编辑属性"对话框

按图 8-25 所示进行"编辑属性"的设置后,单击"确定"按钮,生成如图 8-26 所示的标题栏。

图 8-26 编辑属性后的标题栏

8.4.4 编辑属性定义

双击属性,或选择"修改"→"对象"→"文字"→"编辑"命令后再单击属性,打开"编辑属性定义"对话框,在"标记""提示"和"默认"后的文本框中修改相关内容,如图 8-27 所示。

图 8-27　调用"编辑属性定义"对话框

8.5　编辑块属性

对于已经插入到图形中的含有属性定义的块，可以对其属性进行编辑。与块中的其他对象不同，属性可以独立于块而被编辑。此外，还可以集中地编辑一组属性。利用这个特性，可以用通用的属性插入块，也就是先使用属性的默认值，然后再根据需要修改。

编辑块属性的步骤如下：

（1）双击带有属性的块，或者在功能区单击"插入"选项卡"块"面板→"编辑属性"→"单个"按钮，再在绘图区选择需要编辑的带有属性的块后，系统将弹出如图 8-28 所示的"增强属性编辑器"对话框。"增强属性编辑器"对话框中 3 个选项卡，其功能如下：

图 8-28　"增强属性编辑器"对话框

【属性】选项卡：显示了块中每个属性的标识、提示和值。在列表框中选择某一属性后，在"值"文本框中将显示出该属性对应的属性值，可以通过它来修改属性值。

【文字选项】选项卡：用于修改属性文字的格式。在其中设置文字样式、对齐方式、高度、旋转角度、宽度比例、倾斜角度等内容。

【特性】选项卡：用于修改属性文字的图层以及其线宽、线型、颜色及打印样式等。

（2）在"增强属性编辑器"对话框中编辑好各属性内容后，单击"应用"按钮，关闭该对话框。

另外，在功能区单击"插入"选项卡"块定义"面板→"管理属性"按钮，选择

"修改"→"对象"→"属性"→"块属性管理器"命令，打开如图8-29所示的"块属性管理器"对话框，可在其中管理块的属性。"块属性管理器"对话框中的各项功能含义如下：

【选择块按钮】✛：单击该按钮，"块属性管理器"对话框将被关闭，接着从绘图区选择块后，返回到"块属性管理器"对话框。

【块下拉列表框】：可以在下拉列表中选择希望编辑的块。

【上移】【下移】按钮：在属性列表中选中属性后，单击对话框右侧的"上移"、"下移"按钮，可以调整属性在列表中的位置。

【编辑】按钮：在属性列表中选中属性后，单击对话框右侧的"编辑"按钮，系统将打开图8-30所示"编辑属性"对话框，用户可在该对话框中修改属性模式、标记、提示与默认值，属性的文字选项，属性所在图层，以及属性的线型、颜色和线宽等。

图8-29 "块属性管理器"对话框　　　　图8-30 "编辑属性"对话框

【删除】按钮：在属性列表中选中属性后，单击对话框右侧的"删除"按钮，可以删除属性。

【设置】按钮：在"块属性管理器"对话框中，单击"设置"按钮，将打开"块属性设置"对话框，可以设置在"块属性设置"对话框的属性列表框中能够显示的内容，如图8-31所示。

图8-31 "块属性设置"对话框

8.6　使用外部参照

外部参照是指在一幅图形中对另一幅外部图形的引用。外部参照有两种基本用途：首先，它是用户在当前图形中引入不需修改的标准元素（如各类标准件）的一个高效率途径；其次，它提供了在多个图形中应用相同图形数据的一个手段。

外部参照与块有相似的地方，主要区别是：一旦插入了块，该块就永久性地插入到当前图形中，成为当前图形的一部分。而以外部参照方式将图形插入到某一图形（称之为主图形）后，被插入图形文件的信息并不直接加入到主图形中，主图形只是记录参照图形的关系，例如参照图形文件的路径等信息。另外，对主图形的操作不会改变外部参照图形文件内容。当打开具有外部参照的图形时，系统会自动把各外部参照图形文件重新调入内存并在当前图形中显示出来。

在AutoCAD 2016中，可以利用功能区"插入"选项卡中的"参照"面板编辑和管理外部参照，如图 8-32 所示。

图 8-32 "插入"选项卡中的"参照"面板

8.6.1 附着外部参照

（1）在功能区单击"插入"选项卡→"参照"面板→"附着"按钮，将打开如图 8-33 所示的"选择参照文件"对话框。

图 8-33 "选择参照文件"对话框

（2）选定文件后，单击"打开"按钮，将打开如图 8-34 所示的"外部参照"对话框，用户可在该对话框中选择引用的类型（附着或覆盖），设置插入图形时的插入点、比例和旋转角度，以及是否包含路径。

图 8-34 "外部参照"对话框

从图 8-34 可以看出，在图形中插入外部参照的方法与插入块的方法相同，只是在"外部参照"对话框中多了几个特殊选项。

"参照类型"选项区域：确定外部参照的类型，包括"附着型"和"覆盖型"两种类型。当一个外部参照以"附着型"方式附着时，如果参照图形中包含外部参照，则在图形作为外部参照附着到其他图形时，也将包含其中的外部参照。相反，当以"覆盖型"方式进行附着时，任何嵌套在这个图形中的覆盖型外部参照都将被忽略，也就是嵌套的覆盖型外部参照不能显示出来。因此，在覆盖型与附着型之间唯一的差别是如何处理嵌套。

路径类型选项区域：如果选择为"完整路径"，那么在图形数据库中将保存外部参照的完整路径。此选项的精确度最高，但灵活性最小。如果移动工程文件夹，AutoCAD 2016 将无法融入任何使用完整路径附着的外部参照。

如果选择为"相对路径"，那么在图形数据库中将保存外部参照的相对路径。此选项的灵活性最大。如果移动工程文件夹，AutoCAD 2016 仍可以融入使用相对路径附着的外部参照，只要此外部参照相对于图形的位置未发生变化。

如果选择为"无路径"，那么在图形数据库中将不保存外部参照图形的名称和路径。AutoCAD 2016 首先在主图形的文件夹中查找外部参照，当外部参照文件与主图形位于同一个文件夹时，此选项非常有用。

8.6.2 管理外部参照

在 AutoCAD 2016 中，用户可以在"外部参照"选项板中对外部参照进行编辑和管理。单击"附着"按钮，可以添加不同格式的外部参照文件；在选项板下方的外部参照列表框中显示当前图形中各个外部参照的文件名称，任意选择一个外部参照文件后，在下方"详细信息"选项区域中显示该外部参照的名称、加载状态、文件大小、参照类型、参照日期及参照文件的存储路径等内容。

在功能区单击"插入"选项卡→"参照"面板右下角的斜箭头，弹出如图 8-35 所示"外部参考"选项板。

图 8-35 "外部参考"选项板

当用户附着多个外部参照后，在外部参照列表框中的文件上右击将弹出如图 8-36 所示的快捷菜单。在菜单上选择不同的命令可以对外部参照进行相关操作，每个命令选项的意义如下：

【打开】：在新建窗口打开选定的外部参照进行编辑。在"外部参照管理器"对话框关闭后，显示新建窗口。

图 8-36　外部参照快捷菜单

【附着】：打开"选择参照文件"对话框，在该对话框中可以选择需要插入到当前图形中的外部参照文件。

【卸载】：从当前图形中移走不需要的外部参照文件，但移走后仍保留该参照文件的路径，当希望再次参照该图形时，单击对话框中的"重载"按钮即可。

【重载】：在不退出当前图形的情况下更新外部参照文件。

【拆离】：从当前图形中移去不再需要的外部参照文件。要从图形中完全删除外部参照，需要拆离它们。例如，删除外部参照不会删除与其关联的图层定义，使用"拆离"选项将删除外部参照和所有关联信息。

【绑定】：将外部参照的文件转换成为一个正常的块，即将所参照的图形文件永久地插入到当前图形中，插入后系统将外部参照文件的依赖符转换为永久符号。

8.6.3　编辑外部参照

（1）在 AutoCAD 2016 中，在功能区单击"插入"选项卡→"参照"→"编辑参照"按钮。

（2）选择所需编辑的外部参照后，弹出如图 8-37 所示的"参照编辑"对话框，利用标识参照选项卡和设置选项卡可以对某个图形对象进行编辑。

图 8-37　所示的"参照编辑"对话框

8.7　使用设计中心

重复利用和共享图形内容是有效管理绘图项目的基础，AutoCAD 2016 设计中心为用户提供了一种管理图形的有效手段。利用 AutoCAD 2016 设计中心，用户可以很方便地实现图形的重复利用和共享。AutoCAD 2016 设计中心的主要功能如下：

（1）创建对频繁访问的图形、文件夹和 Web 站点的快捷方式。

（2）根据不同的查询条件在本地计算机和网络上查找图形文件，找到后可以将它们直接加载到绘图区域或设计中心。

（3）浏览不同的图形文件，包括当前打开的图形和 Web 站点上的图形库。

（4）查看块、图层和其他图形文件的定义并将这些图形定义插入到当前图形文件中。

（5）通过控制显示方式来控制设计中心控制板的显示效果，还可以在控制板中显示与图形文件相关的描述信息和预览图像。

在 AutoCAD 2016 设计中心中，用户可以使用下列内容：图形中的可用块、图形中的外部参照、图形的特性内容，如图层定义、线型、布局、文字样式和标注样式等、由其他应用程序创建的自定义内容。

在功能区单击"插入"选项卡→"内容"面板→"设计中心"按钮，或选择"工具"→"选项板"→"设计中心"命令，可以打开"设计中心"选项板，如图 8-38 所示。

图 8-38 "设计中心"选项板

8.7.1 观察图形信息

设计中心窗口由以下部分组成：工具栏、选项卡、内容窗口、树状视图窗口、预览窗口和说明窗口，如图 8-38 所示。

【文件夹】选项卡：显示计算机或网络驱动器（包括"我的电脑"和"网上邻居"）中文件和文件夹的层次结构。选择层次结构中的某一对象，在内容窗口、预览窗口和说明窗口中将会显示该对象的内容信息，如图 8-38 所示。

【打开的图形】选项卡：显示 AutoCAD 2016 当前任务中打开的所有图形，包括最小化的图形，如图 8-39 所示。在"打开的图形"下的列表框中单击某一内容的图标，就可以看到该图形的有关设置，如图层、线型、文字样式和块等内容。

图 8-39 "打开的图形"选项卡

【历史记录】选项卡：显示最近访问过的文件，包括这些文件的完整路径，如图 8-40 所示。显示历史记录后，在一个文件上右击，在弹出的快捷菜单中选择"浏览"命令可以显示此文件的信息，或者选择"删除"命令可以从"历史记录"列表中删除此文件。

图 8-40 "历史记录"选项卡

【加载】按钮 ：单击该按钮，将打开"加载"对话框，使用该对话框可以从 Windows 桌面、收藏夹或通过 Internet 加载图形文件。

【搜索】按钮 ：提供了一种类似于 Windows 的查找功能，使用该功能可以查找内容源、内容类型及内容等。

【收藏夹】按钮 ：单击该按钮，可以在"文件夹列表"中显示 Favorites / AutoCAD 文件夹（收藏夹）中的内容，同时在树状视图中反向显示该文件夹。可以通过收藏夹来标记存放在本地硬盘、网络驱动器或 Internet 网页上常用的文件，如图 8-41 所示。在文件名或文件夹名上右击，在弹出的快捷菜单中选择"添加到收藏夹"，可将一个图形、图像文件或文件夹加入到收藏夹中。

图 8-41 "收藏夹"

【主页】按钮：单击该按钮，将使设计中心返回到默认文件夹。安装时，设计中心的默认文件夹被设置为…\ Sample \ Design Center 。用户可以在树状图中选中一个对象，然后右击该对象，在弹出的快捷菜单中选择"设置为主页"即可更改默认文件夹，如图 8-42 所示。

【树状图切换】按钮 ：单击该按钮，可以显示或隐藏树状视图。如果绘图区域需要更多的空间，用户可以隐藏树状图。树状图隐藏后，可以使用内容区域浏览内容并加载内容。当在树状图中使用"历史记录"选项卡时，"树状图切换"按钮不可用。

【预览】按钮 ：单击该按钮，可以打开或关闭预览窗格，如果选定项目没有保存的预览图像，则预览区域为空。

【说明】按钮 ：打开或关闭说明窗格，以确定是否显示说明内容。打开说明窗格后，单击控制板中的图形文件，如果该图形文件包含有文字描述信息，则在说明窗格中显示出图形文件的文字描述信息。如果图形文件没有文字描述信息，则说明窗格为空。可以通过拖动鼠标的方式来改变说明窗格的大小。

图 8-42　设置主页

【视图】按钮▦：用于确定控制板所显示内容的显示格式。单击该按钮将弹出一快捷菜单，可从中选择显示内容的显示格式。

8.7.2　利用设计中心查找图形文件

利用 AutoCAD 2016 设计中心中的查找功能，用户不仅可以浏览"桌面"树状视图来定位文件，还可以搜索图形和其他内容（例如，块和图层定义以及任意自定义内容）。单击设计中心的"搜索"工具按钮，可以打开如图 8-43 所示的"搜索"对话框，用户可在"搜索"对话框中设置条件（如上次修改时间），缩小搜索范围，或者搜索块定义说明中的文字和其他任何"图形属性"对话框中指定的字段。如果不记得将块保存在图形中还是保存为单独的图形，则可以搜索图形和块。

图 8-43　"搜索"对话框

查找本地或网络驱动器中的内容的操作步骤如下：

（1）单击 AutoCAD 2016 设计中心中的"搜索"按钮，打开"搜索"对话框。

（2）在"搜索"下拉列表框中选择查找内容的类型，此时该对话框下方的选项卡将根据用户的选择而变化。

（3）单击"搜索"按钮或输入搜索路径，指定开始搜索的位置。若想搜索指定位置的所有层次，可选中"包含子文件夹"复选框。

若在"搜索"下拉列框表中选择"图形"选项，则"搜索"对话框中将包含下述 3 个选项卡，每个选项卡包含不同的搜索条件。

【图形】：利用该选项卡，用户可以按"文件名"、"标题"、"主题"、"作者"或"关键字"设置查找图形文件的条件，如图 8-43 所示。

【修改日期】：指定图形文件创建或上次修改的日期，或指定日期范围。默认情况下，不指定日期，如图 8-44 所示。

图 8-44 "修改日期"选项卡

【高级】：指定其他搜索参数。例如，可以输入文字进行搜索，查找包含特定文字的块定义名称、属性或图形说明，还可以在该选项卡中指定搜索文件的大小范围，如图 8-45 所示。

图 8-45 "高级"选项卡

若在"查找"下拉列表框中指定的不是图形文件，则"查找"对话框将显示下列选项卡中的一个，如图 8-46 所示。

【块】：搜索块的名称。

【标注样式】：搜索标注样式的名称。

【图形和块】：搜索图形和块的名称。

【填充图案文件】：搜索填充模式文件的名称。

【填充图案】：搜索填充模式的名称。

图 8-46 "搜索"对话框

【图层】：搜索图层的名称。

【布局】：搜索布局的名称。

【线型】：搜索线型的名称。

【文字样式】：搜索文字样式的名称。

【外部参照】：搜索外部参照的名称

【表格样式】：搜索表格样式的名称

（4）单击"立即搜索"按钮后，系统开始搜索，并在对话框下方显示搜索结果。若在搜索完成以前已经找到所需的内容，可以单击"停止"按钮停止搜索，以节省时间。

（5）单击"新搜索"按钮可以清除当前搜索，使用新条件进行新搜索。

若要重新使用搜索条件，可以从"搜索"下拉列表框中选择以前定义的搜索条件。

8.7.3 利用设计中心插入图形文件

利用 Aut0CAD 2016 设计中心，可以方便地向当前图形中插入块、引用光栅图像及外部参照，并在图形之间复制图层、线型、文字样式和标注样式等各种内容。

1. 插入块

在 AutoCAD 2016 设计中心中可以通过指定选定块的插入点、缩放比例和旋转角度来插入块，步骤如下：

（1）在功能区单击"插入"选项卡→"内容"面板→"设计中心"按钮，或选择"工具"→"选项板"→"设计中心"命令，可以打开"设计中心"选项板。

（2）在"设计中心"选项板左侧的"文件夹"选项卡中确定所要插入块的路径，如图 8-47 所示。

（3）在图 8-47 所示的"文件夹"选项卡右侧区域单击所要插入的块文件，并按住鼠标左键将其拖到绘图区，此时命令行提示：

单位：毫米   转换: 1.0000

指定插入点或 [基点(B)/比例(S)/X/Y/Z/旋转(R)]:

图 8-47　在设计中心中确定所插入块的路径

（4）在绘图区指定块插入点，命令行提示：

输入 X 比例因子，指定对角点，或 [角点(C)/xyz(XYZ)] <1>:

（5）输入 1，按 Enter 键，命令行提示：

输入 Y 比例因子或<使用 X 比例因子>:

（6）按 Enter 键，即选择使用 X 比例因子，命令行提示：

指定旋转角度<0>:

（7）按 Enter 键，即默认旋转角度为 0，完成块的插入。

注：通过以上步骤，在设计中心实现了块插入，插入后的块，在 X 和 Y 方向的缩放比例是 1，旋转角度为 0。用户可根据实际需求设置不同的比例因子和旋转角度。

2. 引用外部参照

AutoCAD 2016 的设计中心可以引用外部参照，步骤如下：

（1）在功能区单击"插入"选项卡→"内容"面板→"设计中心"按钮，或选择"工具"→"选项板"→"设计中心"命令，可以打开"设计中心"选项板。

（2）在"设计中心"选项板左侧的"文件夹"选项卡中确定所要引用的外部参照文件的路径，如图 8-48 所示。

图 8-48　在设计中心确定所要引用的外部参照文件的路径

插入到此处(I)

打开(O)

创建外部参照(C)

在此创建超链接(H)

取消(A)

图 8-49 快捷菜单

（3）在图 8-48 所示的"文件夹"选项卡右侧区域右击所要引入的外部参照文件，并按住鼠标右键将其拖到绘图区，在弹出的如图 8-49 所示的快捷菜单中选择"创建外部参照"即可实现引用外部参照。

3. 在图形中复制图层、线型、文字样式、尺寸样式、布局及块等

在绘图过程中，一般将具有相同特性的对象放置在同一个图层中。使用 AutoCAD 2016 设计中心可以将图形文件中的图层、线型、文字样式及标注样式从控制板中复制到当前图中，这样它们就成为当前图形的一部分。

在设计中心中选择要复制的一个或者多个图层，然后将它们拖动到图形文件中，即可实现复制图层。其他对象的复制操作与图层的复制基本一样。

8.7.4 利用设计中心复制图层、文字样式、尺寸样式实例

（1）打开"第 8 章 dwg/t8-19"文件。

（2）可以查看该文件中的图层、文字样式和尺寸标注样式，如图 8-50 所示。

（3）将 t8-19 文件中的图层、文字样式、尺寸标注样式复制到新文件。

① 关闭 t8-19 文件，并建立新的空白文件。

图 8-50　图层、文字样式及标注样式

② 在功能区单击"插入"选项卡→"内容"面板→"设计中心"按钮，打开"设计中心"选项板。

③ 在"设计中心"选项板左侧的"文件夹列表"中找到 t8-19 文件，如图 8-51 所示。

图 8-51 选择所要复制的文件

（4）双击图 8-51 所示"设计中心"选项卡右侧的"图层"图标 ，该选项卡转换为图 8-52 所示的文件 t8-19 中的图层项目。

图 8-52 文件 t8-19 中的图层项目

（5）在图 8-51 所示的"设计中心"选项卡右侧，按住鼠标左键拖移所需图层到绘图区，即可复制该图层到新建的空白文件中。也可以按着"shift"或"Ctrl"键，多选后一起拖移绘图区，一次复制多个图层。

（6）双击图 8-51 所示的"设计中心"选项卡左侧的"标注样式"选项，该选项卡转换为图 8-53 所示的文件 t8-19 中的标注样式项目。

图 8-53 文件 t8-19 中的标注样式项目

（7）在图 8-53 所示的"设计中心"选项卡右侧，按住鼠标左键拖移所需标注样式到绘图区，即可复制该标注样式到新建的空白文件中。也可以按着"shift"或"Ctrl"键，多选后一起拖移绘图区，一次复制多个标注样式。

（8）双击图 8-53 所示的"设计中心"选项卡左侧的"文字样式"选项，该选项卡转换为图 8-54 所示的文件 t8-19 中的文字样式项目。

图 8-54　文件 t8-19 中的文字样式项目

（9）在图 8-54 所示的"设计中心"选项卡右侧，按住鼠标左键拖移所需文字样式到绘图区，即可复制该文字样式到新建的空白文件中。也可以按着"shift"或"Ctrl"键，多选后一起拖移绘图区，一次复制多个文字样式。

同样的方式还可以复制表格样式、布局、多重引线样式、截面视图样式、局部视图样式、块、视觉样式和外部参照等。

实战演练 8

演练 8.1　绘制基准代号符号，将其创建为带属性的块，并将其定义为块后在绘图区中插入块。

（1）运行 AutoCAD 2016，设置绘图环境，选择"绘图"工具栏中有关命令，按照数据绘制图形，如图 8-55 所示。

（2）创建"基准代号"符号的属性。在功能区单击"插入"选项卡→"块定义"面板→"定义属性"按钮，系统弹出"属性定义"对话框，在此对话框中设置相应的选项，如图 8-56 所示，单击"确定"后，将"基准代号"四个字定位在图形合适位置，如图 8-57 所示。

图 8-55　绘制基准代号

图 8-56　"属性定义"对话框

（3）在功能区单击"插入"选项卡→"块定义"面板→"写块"按钮，弹出如图 8-58 所示的"写块"对话框。在块名称中输入块名"基准代号"；单击"选择对象"按钮后选择组成块的实体对象（图形和属性）；单击"拾取点"按钮后指定插入基点；在"文件名和路径"中设置好文件保存路径与文件名；单击"确定"按钮完成写块。

图 8-57　定位"基准代号"文字在合适位置　　　　　　图 8-58　"写块"对话框

（4）在功能区单击"插入"选项卡→"块"面板→"插入"按钮，再选择"更多选项"，弹出如图 8-59 所示的"插入"对话框。

（5）单击在"名称"选择后的"浏览"按钮，选择"基准代号"后单击"确定"，系统提示：

指定插入点或　［基点(B)/比例(S)/X/Y/Z/旋转(R)］：

在绘图区中指定插入点，弹出如图 8-60 所示的"编辑属性"对话框。

图 8-59　"插入"对话框

（6）在"编辑属性"对话框中的"请输入基准代号"后的文本框中输入"A"，并按"确定"，绘图区内将插入如图 8-61 所示的基准代号。

图 8-60 "编辑属性"对话框

图 8-61 插入的基准代号

演练 8.2 绘制如图 8-62 所示的轴类零件结构要素图形，创建图块，并设定图块插入点为 A、B、C、D；然后把图形保存到文件中。运用设计中心的功能绘制如图 8-63 所示图形。

图 8-62 绘制轴类零件结构要素

图 8-63 运用设计中心功能绘制轴

（1）运行 AutoCAD 2016，设置绘图环境，选择"绘图"工具栏中有关命令，按照数据绘制如图 8-62 所示图形。

（2）在功能区单击"插入"选项卡→"块定义"面板→"写块"按钮，弹出如图 8-64 所示的"写块"对话框。

"源"：选择"对象单选项；"基点"：单击"拾取点"按钮并指定插入基点 A 点；单

击"选择对象"按钮 ，选择组成轴段的对象；在"文件名和路径"文本框中指定文件存储路径和文件名；单击"确定"按钮，完成写块，创建一个名称为"轴段"的块文件，文件名为"轴段.dwg"。

（3）同样方法创建名称为"键槽"的块，保存为"键槽.dwg"；创建名为"螺纹盲孔平行轴线"以及"螺纹盲孔垂直轴线"两个块文件，分别保存为"螺纹盲孔平行轴线.dwg"和"螺纹盲孔垂直轴线.dwg"。

（4）新建一个文件，打开样板文件或设置绘图环境。

（5）在功能区单击"插入"选项卡→"内容"面板→"设计中心"按钮，打开如图 8-65 所示的"设计中心"选项板。

图 8-64 "写块"对话框

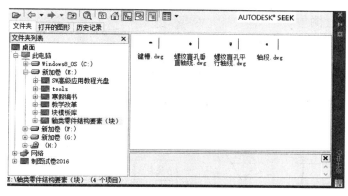

图 8-65 "设计中心"选项板

（6）单击"文件夹"选项卡，选择上几步中创建的块的路径，在选项板的右边区域显示此文件夹中已经创建的块，如图 8-65 所示。

（7）在如图 8-65 所示的"设计中心"右侧区域中选中要插入的名称为"轴段"的块，按住左键将块拖至绘图区，命令行提示：

单位：毫米　　转换：1.0000

指定插入点或 [基点(B)/比例(S)/X/Y/Z/旋转(R)]:

在绘图区指定块插入点，命令行提示：

输入 X 比例因子，指定对角点，或 [角点(C)/xyz(XYZ)] <1>:

输入 23，按 Enter 键，命令行提示：

输入 Y 比例因子或<使用 X 比例因子>:

输入 14，按 Enter 键，，命令行提示：

指定旋转角度<0>:

按 Enter 键，即默认旋转角度为 0。完成阶梯轴最左端部分的绘制。

（8）根据同样方法，一步步插入名称为"轴段"的块，便可以绘制如图 8-66 所示图形。

（9）根据同样方法，在合适位置插入名称为"键槽"的块。插入时，左侧键槽 X 和 Y

方向的比例因子都为 4；右侧键槽 X 和 Y 方向的比例因子都为 6。效果如图 8-67 所示。

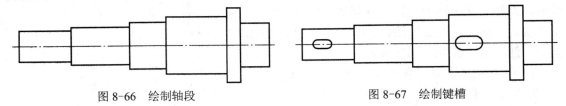

图 8-66　绘制轴段　　　　　　　　　　　图 8-67　绘制键槽

（10）在功能区单击"默认"选项卡→"修改"面板→"分解"按钮，或选择"修改"→"分解"命令，或在"修改"工具栏单击"分解"按钮，选择插入的"键槽"的块，然后按 Enter 键，将分解"键槽"为图形。

（11）在功能区单击"默认"选项卡→"修改"面板→"拉伸"按钮，或选择"修改"→"拉伸"命令，或在"修改"工具栏单击"拉伸"按钮，就可拉伸对象到"键槽"图形规定的长度。

（12）对图形进行倒角。

技能拓展 8

拓展 8.1　绘制图 8-68 所示的"粗糙度"图形，将粗糙度创建为带属性的块，并将其转换为块并保存。

项目	标记	提示
属性	RA	请输入表面粗糙度值

图 8-68　将图形转换为块

拓展 8.2　绘制如图 8-62 所示的轴类零件结构要素图形，创建图块，并设定图块插入点为 A、B、C、D；然后把图形保存到文件中。运用设计中心的功能绘制如图 8-69 所示图形。

图 8-69　运用设计中心绘制图形

拓展 8.3 绘制如图 8-62 所示的轴类零件结构要素图形，创建图块，并设定图块插入点为 A、B、C、D；然后把图形保存到文件中。运用设计中心的功能绘制如图 8-70 所示轴类零件图形。

图 8-70 运用设计中心绘制轴类图形

拓展 8.4 用"外部参照"将文件"t8-71-1"、"t8-71-2"、"t8-71-3"、"t8-71-4"、"t8-71-5"输入新图形文件，并将它们按照图 8-71 所示组合起来。

图 8-71 引用外部参照文件

第 9 章 绘制三维图形

知识目标

了解三维图形创建的三种不同方式的区别；认识三维坐标系；三维曲面和三维实体的绘制。

技能目标

灵活使用坐标系；根据数据绘制基本三维实体；使用布尔运算绘制复杂三维实体图形。

在工程设计和绘图过程中，三维图形应用越来越广泛。AutoCAD 2016 可以利用 3 种方式来创建三维图形，即线架模型方式、曲面模型方式和实体模型方式。线架模型方式为一种轮廓模型，它由三维的直线和曲线组成，没有面和体的特征；曲面模型用面描述三维对象，它不仅定义了三维对象的边界，而且还定义了表面，即具有面的特征；实体模型不仅具有线和面的特征，而且还具有体的特征，各实体对象间可以进行各种布尔运算操作，从而创建复杂的三维实体图形。

9.1 绘制三维图形基础

在 AutoCAD 2016 中，要创建和观察三维图形，就一定要使用三维坐标系和三维坐标。在进行平面绘图时，无论是处于世界坐标系（WCS）还是用户坐标系（UCS），其 Z 轴均垂直于屏幕，但是，可利用 UCS 命令灵活调整坐标系的设置。理解坐标的设置非常重要，因为在绘制所有图形对象时，其高度和厚度设置均是相对于 Z 轴的，而且经过光标移动绘制的所有二维图形对象均位于 XY 平面（其高度即 Z 坐标等于 XY 平面所处的高度）。

9.1.1 认识三维坐标

三维实体模型需要在三维实体坐标系下进行描述。在三维坐标系下，可以使用直角坐标或极坐标方法来定义点。前面章节已经详细介绍了平面坐标系的使用方法，其所有变换和使用方法同样适用于三维坐标系。例如，在三维坐标系下，可以使用直角坐标或极坐标方法来定义点，也可以在绘制三维图形时，使用柱坐标和球坐标来定义点。

1. 三维笛卡尔坐标

（1）通过使用三个坐标值来指定精确的位置：X、Y 和 Z。输入三维笛卡尔坐标值(X,Y,Z)类似于输入二维坐标值(X,Y)。除了指定 X 和 Y 值以外，还需要使用以下格式指定 Z 值：

X,Y,Z

例如，标值（3,2,5）表示一个沿 X 轴正方向 3 个单位，沿 Y 轴正方向 2 个单位，沿 Z 轴正方向 5 个单位的点。

（2）使用默认 Z 值。当以 X，Y 格式输入坐标时，将从上一输入点复制 Z 值。因此，可以按 X，Y，Z 格式输入一个坐标，然后保持 Z 值不变，使用 X，Y 格式输入随后的坐标。例如，如果输入直线的以下坐标：

指定第一点：0,0,5

指定下一点或 ［放弃(U)］:3,4

直线的两个端点的 Z 值均为 5。当开始或打开任意图形时，Z 的初始默认值大于 0。

（3）使用绝对坐标和相对坐标。使用三维坐标时，可以输入基于原点的绝对坐标值，也可以输入基于上一输入点的相对坐标值。要输入相对坐标，请使用 "@" 符号作为前缀。例如，输入@1，–2，3 表示在 X 轴正方向上距离上一点 1 个单位，在 Y 轴负方向距离上一点 2 个单位，在 Z 轴正方向距离上一点 3 个单位的点。要在命令提示下输入绝对坐标，无须输入任何前缀。

① 输入绝对坐标（三维）的步骤。在提示输入点时，使用以下格式在工具栏提示中输入坐标：

#X,Y,Z

如果禁用了 "动态输入"，可使用以下格式在命令行中输入坐标：

X,Y,Z

② 输入相对坐标（三维）的步骤。在提示输入点时，使用以下格式输入坐标：

@X,Y,Z

（4）数字化坐标。通过数字化输入坐标时，所有坐标的用户坐标系（UCS）Z 值为 0。可以使用 ELEV 设置 Z=0 平面上方或下方的默认高度，以便不移动用户坐标系（UCS）而进行数字化。

2. 柱坐标

三维柱坐标通过 XY 平面中与 UCS 原点之间的距离、XY 平面中与 X 轴的角度以及 Z 值来描述精确的位置。柱坐标输入相当于三维空间中的二维极坐标输入，它在垂直于 XY 平面的轴上指定另一个坐标。柱坐标通过定义某点在 XY 平面中距 UCS 原点的距离，在 XY 平面中与 X 轴所成的角度以及 Z 值来定位该点。

使用以下语法指定使用绝对柱坐标的点：

X<［与 X 轴所成的角度］,Z

例如，坐标 5<30,6 表示距当前 UCS 的原点 5 个单位、在 XY 平面中与 X 轴成 30° 角、沿 Z 轴 6 个单位的点。

3. 球坐标

三维球坐标通过指定某个位置距当前 UCS 原点的距离、在 XY 平面中与 X 轴所成的角度以及与 XY 平面所成的角度来指定该位置。

三维中的球坐标输入与二维中的极坐标输入类似。通过指定某点距当前 UCS 原点的距离、与 X 轴所成的角度（在 XY 平面中）以及与 XY 平面所成的角度来定位点，每个角度前面加了一个左尖括号"<"，如以下格式所示：

　　X<［与 X 轴所成的角度］<［与 XY 平面所成的角度］

例如，坐标 8<60<30 表示在 XY 平面中距当前 UCS 的原点 8 个单位、在 XY 平面中与 X 轴成 60°角以及在 Z 轴正向上与 XY 平面成 30°角的点。坐标 5＜45＜15 表示距原点 5 个单位、在 XY 平面中与 X 轴成 45 度角、在 Z 轴正向上与 XY 平面成 15 度角的点。

9.1.2　三维用户坐标设置

在三维环境中进行设计时，巧用 UCS 对于创建或修改对象是很有用的。通过在三维模型空间中移动和重新定向 UCS，可以在一定程度上简化设计工作。

在三维坐标系中，如果已知 X 轴和 Y 轴的方向，则可以使用右手定则来确定 Z 轴的正方向。方法是将右手背靠近屏幕放置，大拇指指向 X 轴正方向，食指指向 Y 轴正方向，弯曲的中指所指的方向即为 Z 轴的正方向。用户还可以使用右手定则来确定三维空间中绕坐标轴旋转的默认正方向。方法是将右手拇指指向轴的正方向，弯曲其余四指的方向即为轴的正旋转方向。

UCS 是可移动的笛卡尔坐标系，用于建立 XY 工作平面、水平方向和垂直方向、旋转轴以及其他有用的几何参照。在指定点、输入坐标和使用绘图辅助工具（例如，正交模式和栅格）时，用户可以更改 UCS 的原点和方向，以方便使用。

注：默认情况下，"坐标"面板在"草图与注释"工作空间中处于隐藏状态。要显示"坐标"面板，需单击"视图"选项卡，然后单击鼠标右键并选择"显示面板"，然后单击"坐标"。在三维工作空间中，"坐标"面板位于"默认"选项卡和"可视化"选项卡上。

图 9-1 所示为在"草图与注释"调出的"坐标"面板。

图 9-1　"视图"选择卡中的"坐标"面板

在"快速访问工具栏"中单击"工作空间"右侧的倒三角，并选择"三维基础"（见图 9-2），功能区变成图 9-3 所示的样子。

图 9-2　更改工作空间为三维基础

（1）世界坐标 ：将当前用户坐标（UCS）设置为世界坐标系（WCS）。WCS 为固定的笛卡尔坐标系统，所有对象均由 WCS 坐标定义，而且 WCS 和 UCS 在新图形中是重合的。

图 9-3　"三维基础"工作空间下的功能区

（2）指定 UCS 的原点（见图 9-4）：使用一点、两点或三点定义一个新的 UCS。

如果指定单个点，当前 UCS 的原点将会移动，而不会更改 X、Y 和 Z 轴的方向。

如果指定第二个点，则 UCS 将旋转以使正 X 轴通过该点。

如果指定第三个点，则 UCS 将围绕新 X 轴旋转来定义正 Y 轴。

这三点可以指定原点、正 X 轴上的点以及正 XY 平面上的点。如果在输入坐标时未指定 Z 坐标值时，则使用当前 Z 值。

注：*也可以直接选择并拖动 UCS 图标原点夹点到一个新位置，或从原点夹点菜单选择"仅移动原点"。*

（3）面：将 UCS 动态对齐到三维对象的面（见图 9-5），将光标移到某个面上以预览 UCS 的对齐方式。

图 9-4　指定 UCS 原点创建坐标示例　　　　图 9-5　对齐面创建坐标示例

注：*也可以选择并拖动 UCS 图标（或者从原点夹点菜单选择"移动并对齐"）来将 UCS 与面动态对齐。*

【下一个】选项：将 UCS 定位于邻接的面或选定边的后向面。

【X 轴反向】选项：将 UCS 绕 X 轴旋转 180°。

【Y 轴反向】选项：将 UCS 绕 Y 轴旋转 180°。

图 9-6　对齐对象创建坐标示例

（4）对象：将 UCS 与选定的二维或三维对象对齐（见图 9-6）。UCS 可与包括点云在内的任何对象类型对齐（参照线和三维多段线除外）。将光标移到对象上，以查看 UCS 将如何对齐的预览，并单击以放置 UCS。大多数情况下，UCS 的原点位于离指定点最近的端点，X 轴将与边对齐或与曲线相切，并且 Z 轴垂直于对象对齐。

（5）视图：将 UCS 的 XY 平面与垂直于观察方向的平面对齐（见图 9-7），原点保持不变，但 X 轴和 Y 轴分别变为水平和垂直。

（6）上一个 ：恢复上一个 UCS。可以在当前任务中逐步返回最后 10 个 UCS 设置。对于模型空间和图纸空间，UCS 设置单独存储。

（7）世界：将 UCS 与世界坐标系 (WCS) 对齐。

注： 也可以单击 UCS 图标并从原点夹点菜单选择"世界"。

（8）X：绕 X 轴旋转当前 UCS（见图 9-8）。将右手拇指指向 X 轴的正向，卷曲其余四指。其余四指所指的方向即绕轴的正旋转方向。

图 9-7 "视图"创建坐标示例

图 9-8 绕 X 轴旋转当前 UCS

（9）Y：绕 Y 轴旋转当前 UCS（见图 9-9）。将右手拇指指向 Y 轴的正向，卷曲其余四指，其余四指所指的方向即绕轴的正旋转方向。

（10）Z：绕 Z 轴旋转当前 UCS（见图 9-10）。将右手拇指指向 Z 轴的正向，卷曲其余四指，其余四指所指的方向即绕轴的正旋转方向。

图 9-9 绕 Y 轴旋转当前 UCS

图 9-10 绕 Z 轴旋转当前 UCS

通过指定原点和一个或多个绕 X、Y 或 Z 轴的旋转，可以定义任意的 UCS（见图 9-11）。

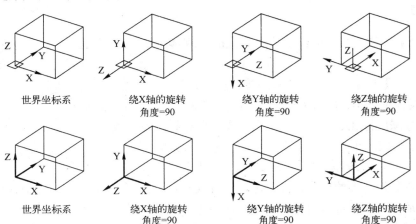

图 9-11 绕各轴旋转后的坐标示意图

（11）Z 轴矢量 ：将 UCS 与指定的正 Z 轴对齐。

9.2　观察三维图形

9.2.1　使用三维动态观察器

使用三维动态观察器可以在三维空间动态地观察三维对象。动态观察器中包含了"受约束的动态观察"、"自由动态观察"和"连续动态观察"三种方式。

动态观察器存放在"导航栏"或"导航"面板中。在功能区单击"视图"选项卡→"视图工具"面板→"导航栏"按钮 ⊞，便可在绘图区右侧开启或关闭导航栏。

默认情况下"导航"面板处于隐藏状态，要显示"导航"面板，需单击"视图"选项卡，然后单击鼠标右键并选择"显示面板"，然后单击"导航"，如图 9-12 和图 9-13 所示。

图 9-12　"草图与注释"工作空间显示导航面板

图 9-13　"三维基础"工作空间显示导航面板

单击"导航栏"或"导航"面板→"动态观察"按钮后的倒三角，可弹出"受约束的动态观察"、"自由动态观察"和"连续动态观察"三个选项，如图 9-14 所示。

1. 动态观察（3DORBIT）（受约束的动态观察）

在三维空间中旋转视图，但仅限于水平动态观察和垂直动态观察。

3DORBIT 可在当前视口中激活三维动态观察视图，并且将显示三维动态观察光标图标。3DORBIT 处于活动状态时，无法编辑对象。

沿 XY 平面旋转：在图形中单击并向左或向右拖动光标。

沿 Z 轴旋转：单击图形，然后上下拖动光标。

沿 XY 平面和 Z 轴进行不受约束的动态观察：按住 Shift 键并拖动光标，将出现导航球，用户可以使用三维自由动态观察(3DFORBIT)交互。

2. 自由动态观察（3DFORBIT）

与 3DORBIT 不同，3DFORBIT 不约束沿 XY 轴或 Z 方向的视图变化。3DFORBIT 命令处于活动状态时，无法编辑对象。

单击"自由动态观察"工具按钮，系统将显示图 9-15 所示的观察球，在圆的四个象限点处带有四个小圆，这就是三维动态观察球。观察球的圆心就是观察点（目标点），观察的出发点相当于相机的位置。查看时，目标点是固定不动的，通过移动鼠标可以使相机在目标点周围移动，从不同的视点动态地观察对象。结束命令后，三维图形将按新的视点方向重新定位。

图 9-14　动态观察的三个选项

图 9-15　三维动态观察球

当使用三维自由动态观察 (3DFORBIT) 时，视图旋转由光标的位置和外观决定：

（1）自由动态观察。在导航球内部移动光标可使其更改为自由动态观察图标；在导航球内部拖动光标可使视图以水平、垂直和倾斜方向自由进行动态观察。

（2）滚动。在导航球外部移动光标可使其更改为滚动图标；在导航球外部拖动光标可使视图围绕轴移动，该轴的延长线通过导航球的中心并垂直于屏幕，这称为"卷动"。

（3）垂直旋转。将光标移动到导航球左侧或右侧的小圆上可使其更改为垂直旋转图标，从其中任意一点向左或向右拖动光标可使视图围绕通过导航球中心的垂直轴旋转。

（4）水平旋转。将光标移动到导航球顶部或底部的小圆上可使其更改为水平旋转图标，从其中任意一点向上或向下拖动光标可使视图围绕通过导航球中心的水平轴旋转。

3. 连续动态观察（3DCORBIT）

通过该命令可以在三维空间中连续旋转视图。

启动命令之前，可以查看整个图形，或者选择一个或多个对象。启动此命令之前选择一个或多个对象可以限制为仅显示这些对象。

在绘图区域中单击并沿任意方向拖动定点设备，来使对象沿正在拖动的方向开始移动。释放定点设备上的按钮，对象在指定的方向上继续进行它们的轨迹运动。为光标移动设置的速度决定了对象的旋转速度。

可通过再次单击并拖动来改变连续动态观察的方向。在绘图区域中单击鼠标右键并从快捷菜单中选择选项，也可以修改连续动态观察的显示。

注：在启用了三维导航工具时，可以按数字键 1、2、3、4、5 来切换三维动态的观察方式。

9.2.2 设置视点进行观察

视点是指在三维空间中观察图形对象的方位。当在三维空间中观察图形对象时，往往需要从不同方位来查看三维对象上的不同部位，因此改变观察的视点是必不可少的。

AutoCAD 2016 提供了从三维空间的任何方向设置视点的命令。

1. 使用"三维视图"菜单（VPOINT）命令设置视点

在三维空间中，为便于观察模型对象，可任意修改视点位置，VPOINT 命令用来设置视点的具体位置。AutoCAD 2016 系统默认的视点为(0,0,1)，即从(0,0,1)点（Z 轴正向上）向(0,0,0)点（原点）观察模型对象。此点表示朝原点(0,0,0)观察模型时，用户在三维空间中的位置。视点坐标值相对于世界坐标系，除非修改 WORLDVIEW 系统变量。定义建筑(AEC)设计的标准视图约定与机械设计的相应约定不同，在 AEC 设计中，XY 平面的正交视图是俯视图或平面视图；在机械设计中，XY 平面的正交视图是主视图。

在 AutoCAD 2016 中，选择"视图"→"三维视图"→"视点"命令，或在命令行通过键盘输入 VPOINT 命令后按回车键，系统提示如下：

指定视点或［旋转（R）］<显示坐标球和三轴架>：

指定一点或单击鼠标右键从弹出的快捷菜单中选择合适的选项，系统提示的各选项含义如下：

【指定视点】：输入视点的 X，Y 和 Z 坐标值，该坐标值定义了观察视图的视点位置，观察者可以从空间向模型对象原点方向观察。例如，坐标值（1，–1，1）表示将观察者置于与 XY 平面成–45°的夹角（右前俯视图）。观察者可以设置视点的 X、Y 和 Z 坐标，表 9-1 列出了观察三维对象的方向。

表 9-1　不同视图方向的视点设置

视 点 设 置	视 图 方 向	视 点 设 置	视 图 方 向
(0, 0, 1)	俯视	(–1, –1, 1)	左前俯视
(0, 0, –1)	仰视	(1, 1, 1)	右后俯视
(0, –1, 0)	前视	(–1, 1, 1)	左后俯视
(0, 1, 0)	后视	(1, –1, –1)	右前仰视
(1, 0, 0)	右视	(–1, –1, –1)	左前仰视
(–1, 0, 0)	左视	(1, 1, –1)	右后仰视
(1, –1, 1)	右前俯视	(–1, 1, –1)	左后仰视

【显示坐标球和三轴架】：图 9-16 所示为坐标球和三轴架，坐标位于屏幕的右上角，是一个二维显示的球体。中心点表示北极（0，0，1），其内环表示赤道，外环表示南极（0，0，–1），如图 9-17 所示。坐标球上显示有一个小十字光标，观察者将从赤道向下观察模型对象。如果十字光标位于外环上，观察者将从模型对象底部向上观察。当移动光标时，三轴架根据坐标指示的观察方向旋转。如果要选择一个观察方向，需要将定点设备移动到球体的一个位置上，然后按下拾取键或 Enter 键，图形将根据视点位置的变化进行更新。

图 9-16 坐标球和三轴架　　　　　图 9-17 坐标球和三轴架的组成部分

【旋转(R)】：使用两个角度指定新的方向。第 1 个角是在 XY 平面中与 X 轴的夹角，第 2 个角是与 XY 平面的夹角，位于 XY 平面的上方或下方。

输入"R"，并按 Enter 键，命令行提示：

输入 XY 平面中与 X 轴的夹角<当前值>：

指定一个角度后，AutoCAD 2016 提示如下：

输入与 XY 平面的夹角<当前值>：

指定一个角度，AutoCAD 2016 将根据视点的变化更新图形。

2. 使用"视点预置"对话框设置视点

在 AutoCAD 2016 中，选择"视图"→"三维视图"→"视点预置"命令，或在命令行通过键盘输入 DDVPOINT 命令后按 Enter 键，系统弹出图 9-18 所示的"视点预置"对话框。

如前所述，定义视点时需要两个角度：一个为 XY 平面上的角度，另一个为与 XY 平面的夹角，这两个角度组合决定观察者相对于目标点的位置。

"视点预置"对话框中左边的图形代表视线在 XY 平面上的角度，即用于设置原点和视点之间的连线在 XY 平面的投影与 X 轴正向的夹角；右边的图形代表视线与 XY 平面的夹角，即设置该连线与投影线之间的夹角，用户可以直接在图上拾取，也可以通过该对话框中间的两个文本框来直接定义这两个参数，其初始值反映了当前视线的设置。

图 9-18 "视点预置"对话框

图 9-19 "三维视图"下的子菜单中的各命令

若单击"设置为平面视图"按钮,则系统将相对于选定坐标系产生平面视图。默认时,两个角度值都是相对于 WCS 坐标系的,要想对于 UCS 坐标系定义角度,必须在"视点预置"对话框中选中"相对于 UCS"单选按钮。

9.2.3 快速设置预定义的视点

AutoCAD 2016 提供了 10 种预定义的视点:俯视、仰视、左视、右视、前视、后视、西南等轴测、东南等轴测、东北等轴测和西北等轴测。

选择菜单"视图"→"三维视图"下的子菜单中的各命令(见图 9-19),可以快速切换到某一特殊的视点。

也可以在"三维基础"工作空间,单击"可视化"选项卡→"视图"面板选择所需视点,如图 9-20 所示。

图 9-20 "三维基础"工作空间的"视图"面板

注:选择以上 10 种预定义的视点,均会引起用户坐标(UCS)的改变。

9.2.4 平面视图

当从默认的视点(0,0,1)观察三维图形时,就会得到模型的平面视图。要显示平面视图,可使用以下方法:

选择菜单"视图"→"三维视图"→"平面视图"中的"当前 UCS"或"世界 UCS",如图 9-21 所示。图 9-21"平面视图"子菜单中的各命名功能含义如下:

图 9-21 "平面视图"子菜单

【当前 UCS】:显示指定的用户坐标系的平面视图。

【世界 UCS】:显示世界坐标系的平面视图。

【命名 UCS】:显示以前保存的用户坐标系的平面视图。

9.2.5 视觉样式

视觉样式是一组设置,用来控制视口中边和着色的显示。更改视觉样式的特性,而不是使用命令和设置系统变量,一旦应用了视觉样式或更改了其设置,就可以在视口中查看效果。

在 AutoCAD 2016 中，可以使用"视图"→"视觉样式"菜单中的子命令，或"视觉样式"工具栏来观察对象，如图 9-22 所示。

图 9-22 "视觉样式"菜单中的子命令或"视觉样式"工具栏

默认情况下，在"草图与注释"工作空间"视觉样式"面板处于隐藏状态。要显示"视觉样式"面板，需单击"视图"选项卡，单击鼠标右键并选择"显示面板"，然后单击"视觉样式"。"视觉样式"面板如图 9-23 所示。

图 9-23 "视图样式"面板

也可以在"三维基础"工作空间的"可视化"选项卡中选择"视觉样式"，如图 9-24 所示。

图 9-24 "三维基础"工作空间中"可视化"面板中的"视觉样式"

单击"视觉样式"面板右下角的斜箭头，将弹出图 9-25 所示的"视觉样式"管理器对话框，可对"视觉样式"进行编辑。

图 9-25 "视觉样式"管理器对话框

9.3 绘制简单三维图形

在 AutoCAD 2016 中，用户可以使用点、直线、样条曲线、三维多段线及三维网格等命令绘制简单的三维图形。

1. 绘制三维点

点对象是三维图形里最小的单元，在 AutoCAD 2016 中提供了一种精确输入和拾取三维点的方法。

与前面内容中讲述的二维坐标下点的绘制方法一样，用户可以在功能区单击"默认"选项卡"绘图"→"多点"按钮，或选择"绘图"→"点"命令，或在"绘图"工具栏中单击"点"按钮，然后在命令行中直接输入三维坐标即可。

由于在三维图形对象上的一些特殊点，如交点、中点等不能通过输入坐标的方法来实现，可以采用三维坐标下的目标捕捉法来拾取点。

2. 绘制三维直线和样条曲线

两点决定一条直线。当在三维空间中指定两个点后，如点(0,0,0)和点(10,10,10)，这两个点之间的连线即是一条 3D 直线，该直线与当前 UCS 不在同一平面内。

同样，在三维坐标系下，使用"样条曲线"命令，可以绘制复杂 3D 样条曲线，这时定义样条曲线的点不是共面点。

3. 绘制三维多段线

单击菜单"绘图"→"三维多段线"命令(3DPOLY)，此时命令行提示依次输入不同的三维空间的点，从而得到一个三维多段线。

4. 绘制三维螺旋线

在创建螺旋线时，需设定的参数有底面半径、顶面半径、高度、圈数、圈高和扭曲方向。如果将底面半径和顶面半径设置为同一个值，则创建圆柱形螺旋线；如果将底面半径和顶面半径设置为不相同的值，则创建圆锥形螺旋线。如果将高度设置为 0，则创建扁平的二维螺旋线。

创建螺旋线的步骤如下：

（1）在功能区单击"默认"选项卡→"绘图"面板→"螺旋"按钮 ，或选择"绘图"→"螺旋"命令，命令行提示：

圈数 = 3.0000　　　扭曲=CCW

指定底面的中心点：

（2）在绘图区指定底面的中心点，命令行提示：

指定底面半径或 [直径(D)] <1.0000>：

（3）在命令行输入"20"，按 Enter 键，命令行提示：

指定顶面半径或 [直径(D)] <20.0000>：

（4）在命令行输入"10"，按 Enter 键，命令行提示：

指定螺旋高度或 [轴端点(A)/圈数(T)/圈高(H)/扭曲(W)] <1.0000>：

（5）在命令行输入"T"，按 Enter 键，命令行提示：

输入圈数 <3.0000>：

（6）在命令行输入"10"，按 Enter 键，命令行提示：

指定螺旋高度或 [轴端点(A)/圈数(T)/圈高(H)/扭曲(W)] <1.0000>：

（7）在命令行输入"70"，按 Enter 键，完成螺旋线的创建，如图 9-25 所示。

创建螺旋线中功能选项含义如下：

【底面的中心点】：设置螺旋基点的中心。

图 9-26　螺旋线

【底面半径】：指定螺旋底面的半径。最初，默认底面半径设定为 1。执行绘图任务时，底面半径的默认值始终是先前输入的任意实体图元或螺旋的底面半径值。

【直径（底面）】：指定螺旋底面的直径。最初，默认底面直径设定为 2。执行绘图任务时，底面直径的默认值始终是先前输入的底面直径值。

【顶面半径】：指定螺旋顶面的半径。默认值始终是底面半径的值。底面半径和顶面半径不能都设定为 0（零）。

【直径（顶面）】：使用直径值来设置螺旋顶部的尺寸。顶面直径的默认值始终是底面直径的值。

【螺旋高度】：指定螺旋高度。

【轴端点】：指定螺旋轴的端点位置。轴端点可以位于三维空间的任意位置。轴端点定义了螺旋的长度和方向。

【圈】：指定螺旋的圈（旋转）数。螺旋的圈数不能超过 500。最初，圈数的默认值为三。执行绘图任务时，圈数的默认值始终是先前输入的圈数值。

【圈高】：指定螺旋内一个完整圈的高度。当指定圈高值时，螺旋中的圈数将相应地自动更新。如果已指定螺旋的圈数，则不能输入圈高的值。

【扭曲】：指定螺旋扭曲的方向。顺时针：以顺时针方向绘制螺旋；逆时针：以逆时针方向绘制螺旋。

9.4 绘制三维曲面

9.4.1 绘制平面曲面

在 AutoCAD 2016 中，可以通过"指定点"和"对象"创建平面。

【指定点】：通过指定平面两对角点，创建平面。

【对象】：通过选择已绘制的平面封闭图形，创建平面。

1. 利用指定点创建平面

（1）选择"绘图"→"建模"→"曲面"→"平面"命令，命令行显示提示：

指定第一个角点或 ［对象(O)］ <对象>:

（2）指定一点，按 Enter 键，命令行提示：

指定其他角点:

（3）指定第二个点，创建完成以指定两点为对角线的矩形平面，如图 9-27 所示。

图 9-27 "指定点"创建平面　　　　　　图 9-28 "对象"创建平面

2. 利用对象创建平面

（1）首先绘制一圆形。

（2）选择"绘图"→"建模"→"曲面"→"平面"命令，命令行显示提示：

指定第一个角点或 ［对象(O)］ <对象>:

（3）输入字母："O"，按 Enter 键，命令行提示：

选择对象:

（4）选择上述（1）中绘制的圆，按 Enter 键，生成图 9-28 所示的平面。

9.4.2 绘制三维面

选择"绘图"→"建模"→"网格"→"三维面"命令，可以绘制三维面。三维面是三维空间的表面，它没有厚度，也没有质量属性。由"三维面"命令创建的每个面的各顶点可以有不同的 Z 坐标，但构成各个面的顶点最多不能超过 4 个。如果构成面的 4 个顶点共面，消隐命令认为该面是不透明的，可以消隐。反之，消隐命令对其无效。

使用"三维面"命令只能生成 3 条或 4 条边的三维面，而要生成多边曲边，则必须使用

PFACE 命令，在该命令提示下，可以输入多个点。

在三维空间中的任意位置创建三侧面或四侧面的步骤如下：

选择"绘图"→"建模"→"网格"→"三维面"，在命令提示下，输入 3DFACE 命令。系统提示如下信息：

指定第一个点或 ［不可见(I)］：

"指定第一个点"和"不可见"功能含义如下：

【指定点】：定义三维面的起点。在输入第一点后，可按顺时针或逆时针顺序输入其余的点，以创建普通三维面。如果将所有的四个顶点定位在同一平面上，那么将创建一个类似于面域对象的平面。当着色或渲染对象时，该平面将被填充。

【不可见】：控制三维面各边的可见性，以便建立有孔对象的正确模型。在边的第一点之前输入 i 或 invisible 可以使该边不可见。

9.5 绘制基本三维实体对象

在 AutoCAD 2016 中，可以绘制长方体、圆柱体、圆锥体、球体、棱锥体、楔体、圆环体和多段体等基本的三维实体对象。

在选择"三维基础"工作空间的情况下，单击"默认"选项卡→"创建"面板→"长方体"按钮下的倒三角，即可弹出基本三维实体创建方式，如图 9-29 所示。

图 9-29 基本三维实体创建方式

9.5.1 绘制长方体与楔体

（1）单击"长方体"按钮 ，命令行提示：

指定第一个角点或 [中心(C)]:

（2）指定一点，按 Enter 键，命令行提示：

指定其他角点或 [立方体(C)/长度(L)]:

（3）指定长方体的另一角点，按 Enter 键，命令行提示：

指定高度或 [两点(2P)]:

（4）指定高度。完成长方体的创建，如图 9-30 所示。

输入正值将沿当前 UCS 的 Z 轴正方向绘制高度，输入负值将沿 Z 轴负方向绘制高度。

其他选项的功能含义如下：

【中心点】：使用指定的中心点创建长方体。

【立方体】：创建一个长、宽、高相同的长方体。

图 9-30 绘制长方体示意图

【长度】：按照指定长宽高创建长方体。长度与 X 轴对应，宽度与 Y 轴对应，高度与 Z 轴对应。

【两点】：指定长方体的高度为两个指定点之间的距离。

9.5.2 绘制圆柱体

（1）单击圆柱体按钮，命令行提示：

指定底面的中心点或 [三点(3P)/两点(2P)/切点、切点、半径(T)/椭圆(E)]:

（2）指定一点为圆柱体底面中心，命令行提示：

指定底面半径或 [直径(D)]:

（3）指定底面半径，命令行提示：

指定高度或 [两点(2P)/轴端点(A)] :

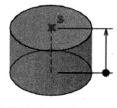

图 9-31　圆柱体的绘制示意图

（4）指定高度，完成圆柱体的创建，如图 9-31 所示。在图 9-31 中，使用圆心（1）、半径上的一点（2）和表示高度的一点（3）创建了圆柱体。圆柱体的底面始终位于与工作平面平行的平面上。

"圆柱体"其他选项功能含义如下：

【三点 (3P)】：通过指定三个点来定义圆柱体的底面周长和底面。

【两点】：指定圆柱体的高度为两个指定点之间的距离。

【轴端点】：指定圆柱体轴的端点位置。此端点是圆柱体的顶面圆心。轴端点可以位于三维空间的任意位置。轴端点定义了圆柱体的长度和方向。

【切点、切点、半径】：定义具有指定半径，且与两个对象相切的圆柱体底面。

【椭圆】：指定圆柱体的椭圆底面。

9.5.3 绘制圆锥体

（1）单击圆锥体按钮，命令行提示：

指定底面的中心点或 [三点(3P)/两点(2P)/切点、切点、半径(T)/椭圆(E)]:

（2）指定一点为底面的中心，命令行提示：

指定底面半径或 [直径(D)]:

（3）指定底面半径，命令行提示：

指定高度或 [两点(2P)/轴端点(A)/顶面半径(T)]:

（4）指定高度，完成圆锥体的创建，如图 9-32 所示。

"圆锥体"其他选项功能含义如下：

【三点(3P)】：通过指定三个点来定义圆锥体的底面周长和底面。

【两点(2P)】：通过指定两个点来定义圆锥体的底面直径。

图 9-32　圆锥体的绘制示意图

【切点、切点、半径】：定义具有指定半径，且与两个对象相切的圆锥体底面。

【椭圆】：指定圆锥体的椭圆底面。

【直径】：指定圆锥体的底面直径。

【轴端点】：指定圆锥体轴的端点位置。轴端点是圆锥体的顶点或圆锥体平截面顶面的中心点（"顶面半径"选项）。轴端点可以位于三维空间的任意位置。轴端点定义了圆锥体的长度和方向。

【顶面半径】：指定创建圆锥体平截面时圆椎体的顶面半径。

9.5.4 绘制球体

（1）单击圆柱按钮，命令行提示：

指定中心点或 [三点(3P)/两点(2P)/切点、切点、半径(T)]：

（2）指定一点为球的中心，命令行提示：

指定半径或 [直径(D)]：

（3）指定半径完成球体的创建，如图 9-33 所示。

"球体"其他选项功能含义如下。

图 9-33　球体的绘制示意图

【三点(3P)】：通过在三维空间的任意位置指定三个点来定义球体的圆周。三个指定点也可以定义圆周平面。

【两点(2P)】：通过在三维空间的任意位置指定两个点来定义球体的圆周。第一点的 Z 值定义圆周所在平面。

【切点、切点、半径】：通过指定半径定义可与两个对象相切的球体。指定的切点将投影到当前 UCS。

9.5.5 绘制棱锥体

默认情况下，使用基点的中心、边的中点和可确定高度的另一个点来定义棱锥体。

（1）单击棱锥体按钮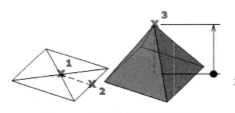，命令行提示：

指定底面的中心点或 [边(E)/侧面(S)]：

（2）指定一点为底面的中心，命令行提示：

指定底面半径或 [内接(I)]：

（3）指定底面半径，命令行提示：

指定高度或 [两点(2P)/轴端点(A)/顶面半径(T)]：

（4）指定高度，完成棱锥体的创建，如图 9-34 所示。

"棱锥体"的选项功能含义如下：

【底面的中心点】：设定棱锥体底面的中心点。

图 9-34　棱锥体的绘制示意图

【边】：设定棱锥体底面一条边的长度，如指定的两点所指明的长度一样

【侧面】：设定棱锥体的侧面数。输入 3 到 32 之间的正值。

【内接】：指定棱锥体的底面是内接的，还是绘制在底面半径内。

【外切】：指定外切于或在外部绘制棱锥体底面半径的棱锥体。

【两点（高度）】：指定棱锥体的高度为两个指定点之间的距离。

【轴端点】：指定棱锥体轴的端点位置。该端点是棱锥体的顶点。轴端点可以位于三维空间的任意位置。轴端点定义了棱锥体的长度和方向。

【顶面半径】：指定创建棱锥体平截面时棱锥体的顶面半径。

9.5.6 绘制楔体

（1）单击楔体按钮，命令行提示：

指定第一个角点或 [中心(C)]：

（2）指定一点为第一个角点，命令行提示：

指定其他角点或 [立方体(C)/长度(L)]：

（3）指定第二个角点，命令行提示：

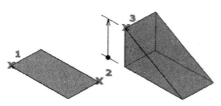

图 9-35　楔体绘制的示意图

指定高度或 [两点(2P)]：

（4）指定高度，完成楔体的创建，如图 9-35 所示。

"楔体"各选项的功能含义如下：

【第一角点】：设定楔体底面的第一个角点。

【另一角点】：设定楔体底面的对角点，位于 XY 平面上。

【中心点】：使用指定的中心点创建楔体。

【立方体】：创建等边楔体。

【长度】：按照指定长宽高创建楔体。长度与 X 轴对应，宽度与 Y 轴对应，高度与 Z 轴对应。如果拾取点以指定长度，则还要指定在 XY 平面上的旋转角度。

【高度】：定楔体的高度。输入正值将沿当前 UCS 的 Z 轴正方向绘制高度。输入负值将沿 Z 轴负方向绘制高度

【两点（高度）】：通过指定两点之间的距离定义楔体的高度

9.5.7 绘制圆环体

可以通过指定圆环体的圆心、半径或直径以及围绕圆环体的圆管的半径或直径创建圆环体。

（1）单击圆环体按钮，命令行提示：

指定中心点或 [三点(3P)/两点(2P)/切点、切点、半径(T)]：

（2）指定一点为中心点，命令行提示：

指定半径或 [直径(D)]：

（3）指定半径，命令行提示：

指定圆管半径或 [两点(2P)/直径(D)]：

（4）指定圆管半径，完成圆环体的创建，如图 9-36 所示。

"圆环体"的各选项功能含义如下：

【圆心】：指定圆环体的中心点。

指定圆心后，将放置圆环体以使其中心轴与当前用户坐标系（UCS）的 Z 轴平行。圆环体与当前工作平面的 XY 平面平行且被该平面平分。

图 9-36　圆环体绘制的示意图

【三点(3P)】：用指定的三个点定义圆环体的圆周。三个指定点也可以定义圆周平面。

【两点(2P)】：用指定的两个点定义圆环体的圆周。第一点的 Z 值定义圆周所在平面。

【切点、切点、半径】：使用指定半径定义可与两个对象相切的圆环体。指定的切点将投影到当前 UCS。

9.5.8　绘制多段体

通常用于创建墙或一系列墙形状的三维实体。可以创建具有固定高度和宽度的直线段和曲线段的三维墙。用户也可以将现有二维对象（例如，直线、二维多段线、圆弧和圆）转换为具有默认高度、宽度和对正的三维实体。

多段体的创建方法与创建多段线一样，步骤如下：

（1）单击多段体按钮 ，命令行提示：

命令：_Polysolid 高度 = 4.0000，宽度 = 0.2500，对正 = 居中

指定起点或 [对象(O)/高度(H)/宽度(W)/对正(J)]：

用户可根据需要修改"高度"、"宽度"和"对正"。

（2）指定一点为起点，命令行提示：

指定下一个点或 [圆弧(A)/放弃(U)]：

（3）指定下一点，命令行提示：

指定下一个点或 [圆弧(A)/放弃(U)]：

（4）指定下一点，按 Enter 键完成多段体的创建，如图 9-37 所示。

图 9-37　多段体的绘制示意图

"多段体"各选项功能含义如下：

【起点】：指定多段体线段的起点。

【对象】：指定要转换为三维实体的二维对象选择。

【高度】：指定多段体线段的高度。（PSOLHEIGHT 系统变量）

【宽度】：指定多段体线段的宽度。（PSOLWIDTH 系统变量）

【对正】：指定多段体的宽度放置的位置：在多段体轮廓的中心、左侧或右侧，或定义二维对象。

【下一点】：指定多段体轮廓的下一个点。

【圆弧】：将圆弧段添加到多段体轮廓中。圆弧的默认起始方向与上一线段相切。可以使用"方向"选项指定不同的起始方向。

【关闭】：通过从多段体轮廓的最后一个顶点到起始点创建线段或圆弧段来闭合多段体。

【方向】：通过设置起始切向和端点指定圆弧段。

【直线】：退出"圆弧"提示并返回直线段。

【第二点】：指定三点圆弧段的第二个点和端点。

【放弃】：删除最近一次添加到多段体轮廓的圆弧段。

【关闭】：通过从多段体的最后一点指定到起点创建直线段或圆弧段来闭合多段体。必须至少指定三个点才能使用该选项。

【放弃】：删除最近一次添加到多段体的线段。

9.6 拉伸

按指定方向或沿选定的路径，从源对象所在的平面以正交方式拉伸对象。

拉伸可以创建三维实体也可以创建三维曲面。

若拉伸创建三维实体，源对象必须是封闭的 2D 封闭多段线、圆、椭圆、封闭样条曲线和面域；如拉伸创建三维曲面，源对象可以是 2D 封闭或开口的线条。

"拉伸"步骤如下：

（1）打开文件"第 9 章/t9-38"，选择"三维基础"工作空间。

（2）单击"默认"选项卡→"创建"面板→"拉伸"按钮，命令行提示：

选择要拉伸的对象或 [模式(MO)]:

（3）单击"模式（MO）"，命令行提示：

闭合轮廓创建模式 [实体(SO)/曲面(SU)] <实体>:

（4）单击"实体（SO）"，选择拉伸实体，命令行提示：

选择要拉伸的对象或 [模式(MO)]:

（5）选择封闭的样条线圈，按 Enter 键，命令行提示：

指定拉伸的高度或 [方向(D)/路径(P)/倾斜角(T)/表达式(E)]:

（6）指定高度，完成实体拉伸，如图 9-38 所示。

"拉伸"的各选项功能含义如下：

【模式】：控制拉伸对象是实体还是曲面。

【拉伸高度】：沿正或负 Z 轴拉伸选定对象。方向基于创建对象时的 UCS，或（对于多个选择）基于最近创建的对象的原始 UCS。

图 9-38 "拉伸"创建实体

【方向】：用两个指定点指定拉伸的长度和方向。（方向不能与拉伸创建的扫掠曲线所在的平面平行）

【路径】：指定基于选定对象的拉伸路径。路径将移动到轮廓的质心，然后沿选定路径拉伸选定对象的轮廓以创建实体或曲面。

如图 9-39 所示为"路径"方式创建拉伸。

【倾斜角】：指定拉伸的倾斜角。

如图 9-40 所示为"倾斜角"方式创建拉伸。

图 9-39 "路径"方式创建拉伸

图 9-40 "倾斜角"方式创建拉伸

正角度表示从基准对象逐渐变细地拉伸，而负角度则表示从基准对象逐渐变粗地拉伸。默认角度 0 表示在与二维对象所在平面垂直的方向上进行拉伸。所有选定的对象和环都将倾斜到相同的角度。

倾斜角子选项：指定–90°到+90°之间的倾斜角。

指定两个点子选项：指定基于两个指定点的倾斜角。倾斜角是这两个指定点之间的距离。

【表达式】：输入公式或方程式以指定拉伸高度。

9.7　旋转

通过绕轴旋转二维对象来创建三维实体或曲面。开放轮廓可创建曲面，闭合轮廓则可创建实体或曲面。创建旋转实体步骤如下：

（1）打开文件"第 9 章/t9-41"，选择"三维基础"工作空间。

（2）单击"默认"选项卡→"创建"面板→"旋转"按钮 ，命令行提示：

选择要旋转的对象或 [模式(MO)]:

（3）单击"模式（MO）"，命令行提示：

闭合轮廓创建模式 [实体(SO)/曲面(SU)] <实体>:

（4）单击"实体（SO）"，选择拉伸实体，命令行提示：

选择要旋转的对象或 [模式(MO)]:

（5）旋转要旋转的面域对象，按 Enter 键，命令行提示：

指定轴起点或根据以下选项之一定义轴 [对象(O)/X/Y/Z]:

（6）单击"对象（O）"，即旋转以"对象"的方式旋转旋转轴，命令行提示：

旋转对象:

（7）旋转面域右侧的直线，命令行提示：

指定旋转角度或 [起点角度(ST)/反转(R)/表达式(EX)] <360>:

（8）按 Enter 键，即默认旋转角度为 360 度，完成旋转创建实体，如图 9-41 所示。

"旋转"的各旋转功能含义如下：

【模式】：控制旋转动作是创建实体还是曲面。

【轴起点】：指定旋转轴的第一个点。轴的正方向从第一点指向第二点。

图 9-41　旋转创建实体

【轴端点】：设定旋转轴的端点。

【起点角度】：为从旋转对象所在平面开始的旋转指定偏移。

【旋转角度】：指定选定对象绕轴旋转的距离。

正角度将按逆时针方向旋转对象，负角度将按顺时针方向旋转对象。还可以拖动光标以指定和预览旋转角度。

【对象】：指定要用作轴的现有对象。轴的正方向从该对象的最近端点指向最远端点。

【X/Y/Z】：将当前 UCS 的 X /Y/Z 轴正向设定为轴的正方向。

【反转】：更改旋转方向；类似于输入–（负）角度值。右侧的旋转对象显示按照与左侧对象相同的角度旋转，但使用反转选项的样条曲线。

【表达式】：输入公式或方程式以指定旋转角度。

9.8 放样

通过指定一系列横截面来创建三维实体或曲面。横截面定义了结果实体或曲面的形状。必须至少指定两个横截面。放样横截面可以是开放或闭合的，开放的横截面创建曲面，闭合的横截面创建实体或曲面。创建放样实体步骤如下：

（1）打开文件"第 9 章/t9-42"，选择"三维基础"工作空间。

（2）单击"默认"选项卡→"创建"面板→"放样"按钮，命令行提示：

按放样次序选择横截面或 [点(PO)/合并多条边(J)/模式(MO)]:

（3）依次选择三个对象，按 Enter 键，命令行提示：

输入选项 [导向(G)/路径(P)/仅横截面(C)/设置(S)] <仅横截面>:

（4）按 Enter 键，采用系统默认设置，完成放样实体，如图 9-42 所示。

图 9-42 放样创建实体

"放样"的各选项功能含义如下：

【按放样次序选择横截面】：按曲面或实体将通过曲线的次序指定开放或闭合曲线。

【点】：指定放样操作的第一个点或最后一个点。如果以"点"选项开始，接下来必须选择闭合曲线。

【合并多条边】：将多个端点相交的边处理为一个横截面。

【模式】：控制放样对象是实体还是曲面。

【连续性】：仅当 LOFTNORMALS 系统变量设定为 1（平滑拟合）时，此选项才显示。指定在曲面相交的位置连续性为 G0、G1 还是 G2。

【凸度幅值】：仅当 LOFTNORMALS 系统变量设定为 1（平滑拟合）时，此选项才显示。为其连续性为 G1 或 G2 的对象指定凸度幅值。

【导向】：指定控制放样实体或曲面形状的导向曲线。可以使用导向曲线来控制点如何匹配相应的横截面以防止出现不希望看到的效果。

【路径】：指定放样实体或曲面的单一路径。路径曲线必须与横截面的所有平面相交。

【仅横截面】：在不使用导向或路径的情况下，创建放样对象。

【设置】：显示"放样设置"对话框。

9.9 扫掠

通过沿开放或闭合路径扫掠二维对象或子对象来创建三维实体或三维曲面。开口对象可以创建三维曲面，而封闭区域的对象可以设置为创建三维实体或三维曲面。创建扫掠实体步骤如下：

（1）打开文件"第 9 章/t9-43"，选择"三维基础"工作空间。

（2）单击"默认"选项卡→"创建"面板→"扫掠"按钮，命令行提示：

选择要扫掠的对象或 [模式(MO)]:

（3）选择封闭曲线，按 Enter 键，命令行提示：

选择扫掠路径或 [对齐(A)/基点(B)/比例(S)/扭曲(T)]:

（4）选择曲线，完成放样实体，如图 9-43 所示。

"扫掠"的各选项功能含义如下：

【要扫掠的对象】：指定要用作扫掠截面轮廓的对象。

【扫掠路径】：基于选择的对象指定扫掠路径。

图 9-43 扫掠创建实体

【模式】：控制扫掠动作是创建实体还是创建曲面。

【对齐】：指定是否对齐轮廓以使其作为扫掠路径切向的法向。

【基点】：指定要扫掠对象的基点。

【比例】：指定比例因子以进行扫掠操作。从扫掠路径的开始到结束，比例因子将统一应用到扫掠的对象。

【参照子选项】：通过拾取点或输入值来根据参照的长度缩放选定的对象。

【扭曲】：设置正被扫掠的对象的扭曲角度。扭曲角度指定沿扫掠路径全部长度的旋转量。

【倾斜系选项】：指定将扫掠的曲线是否沿三维扫掠路径（三维多段线、样条曲线或螺旋）自然倾斜（旋转）。

9.10 按住并拖动

按住并拖动是指在有边界区域的形状中创建加料或减料的拉伸实体，也可以是一种三维实体对象的编辑方式，通过改变三维实体的夹点改变原有的三维实体形状。

（1）打开文件"第 9 章/t9-44"，选择"三维基础"工作空间。

（2）单击"默认"选项卡→"编辑"面板→"按住并拖动"按钮▣，命令行提示：

选择对象或边界区域:

（3）选择正六边形，命令行提示：

指定拉伸高度或 [多个(M)]:

（4）输入 10，按 Enter 键，完成拉伸实体，如图 9-44 所示。

图 9-44 按住并拖动特征

9.11 使用布尔运算绘制复杂图形

在 AutoCAD 2016 中，可以对三维基本实体进行并集、差集、交集和干涉 4 种布尔运算，来创建复杂实体。

1. 并集运算

并集运算时指将两个或多个实体（或面域）组合成一个新的复合实体。

（1）打开文件"第 9 章/t9-45"，选择"三维基础"工作空间。

（2）单击"默认"选项卡→"编辑"面板→"并集"按钮▣，命令行提示：

选择对象:

（3）选择要"并集"的长方体和圆柱体，按 Enter 键，完成并集，如图 9-45 所示。

2. 差集运算

通过从另一个对象减去一个重叠面域或三维实体来创建新对象。

（1）打开文件"第9章/t9-46"，选择"三维基础"工作空间。

（2）单击"默认"选项卡→"编辑"面板→"并集"按钮◎，命令行提示：

选择要从中减去的实体、曲面和面域...

选择对象：

（3）选择长方体，按 Enter 键，命令行提示：

选择要减去的实体、曲面和面域...

选择对象：

（4）选择圆柱体，按 Enter 键，完成差集，如图 9-46 所示。如先选择圆柱体，再选择长方体，则是长方体减去圆柱体。

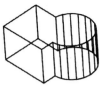

图 9-45　并集运算

3. 交集运算

通过重叠实体、曲面或面域创建三维实体、曲面或二维面域。

（1）打开文件"第9章/t9-47"，选择"三维基础"工作空间。

（2）单击"默认"选项卡→"编辑"面板→"交集"按钮◎，命令行提示：

选择对象：

（3）选择要"交集"的长方体和圆柱体，按 Enter 键，完成并集，如图 9-47 所示。

图 9-46　差集运算　　　　　　　　　　图 9-47　交集运算

实战演练 9

演练 9.1　绘制如图 9-48 所示的三维实体。

（1）新建空白文件，建立并设置图层：粗实线 1、粗实线 2、中心线、虚线、尺寸标注、剖面线。

（2）选择"三维建模"工作空间，单击"常用"选项卡→"视图"面板→"东南轴测图"和"隐藏"视觉样式，此时坐标为图 9-49 所示。

（3）开启"正交"模式，单击"常用"选项卡→"坐标"面板→"X"按钮▣，此时拖移光标，可以"正交"得到绕 X 轴旋转坐标系，在图 9-50 所示位置单击鼠标，创建新的坐标系。

图 9-48 绘制三维实体

图 9-49 东南轴测图"隐藏"视觉样式下的坐标系

图 9-50 绕 X 轴旋转生成新坐标系

（4）开启"正交"模式，选择"粗实线 1"图层，在"XY"平面绘制图 9-51 所示的图形。

图 9-51 绘制图形

图 9-52 拉伸实体

① 单击"常用"选项卡→"绘图"面板→"直线"按钮，在绘图区适当位置单击鼠标确定第一点，拖移光标并捕捉至 X 正方向后，在命令行输入 32，按 Enter 键。

② 拖移光标至 Y 轴正方向，在命令行输入 8，按 Enter 键。

③ 拖移光标至 X 轴正方向，在命令行输入 16，按 Enter 键。

④ 拖移光标至 Y 轴正方向，在命令行输入 17，按 Enter 键。

⑤ 拖移光标至 X 轴负方向，在命令行输入 64，按 Enter 键。

⑥ 拖移光标至 Y 轴负方向，在命令行输入 17，按 Enter 键。

⑦ 拖移光标至 X 轴正方向，在命令行输入 16，按 Enter 键。

⑧ 捕捉第一点，单击鼠标完成绘制。

（5）将第（4）步生成的封闭线框生成面域。单击"常用"选项卡→"建模"面板→"拉伸"按钮■，选择生成的面域，在命令行输入-106，生成图 9-52 所示实体。

（6）单击"常用"选项卡→"坐标"面板→"原点"按钮■，捕捉图 9-53 所示的上端面前边线左端点放置坐标。

图 9-53　原点创建新坐标系

图 9-54　绕 X 轴旋转创建新坐标系

（7）单击"常用"选项卡→"坐标"面板→"X"按钮■，将坐标系旋转至图 9-54 所示位置。

（8）单击"常用"选项卡→"坐标"面板→"原点"按钮■，并正交捕捉到 X 正方向，如图 9-55 所示，在命令行中输入 35，按 Enter，创建的新坐标（见图 9-56）为原坐标沿 X 轴正方向移动 35。

图 9-55　正交移动坐标系

图 9-56　正交移动生成新坐标系

单击"常用"选项卡→"坐标"面板→"Y"按钮■，在命令行中输入 29，按 Enter 键，生成图 9-57 所示的新坐标系。

注：当有实体生成之后，再创建图形对象时，系统会自动捕捉实体上的面作为该图形对象的绘制平面。

（9）在 XY 平面绘制题目规定尺寸的封闭的半圆形状。为避免所绘制的图形被自动捕捉到实体平面上，而不是在 XY 平面上，此时应先把之前生成的实体关闭，再绘制图形。

① 选择图层"粗实线 2"，并把之前实体所在的图层"粗实线 1"冻结，如图 9-58 所示，冻结后，实体不再显示。

图 9-57 输入固定角度旋转生成新坐标系

图 9-58 在图层特性管理器中冻结图层

② 单击"常用"选项卡→"绘图"面板→"圆"按钮，在命令行输入（0,0,0）指定圆心为坐标原点，半径为 18。

③ 单击"常用"选项卡→"绘图"面板→"直线"按钮，捕捉"象点"绘制 X 方向直径，如图 9-59 所示。

④ 利用直径将下半圆修剪掉，并将上半圆与直径创建面域，如图 9-60 所示。

图 9-59 绘制圆和直径

图 9-60 生成面域

（10）单击"常用"选项卡→"建模"面板→"拉伸"按钮，选择上一步生成的半圆面域，在命令行输入长度"–80"（为了生成的半圆柱体超出先前创建的拉伸实体），向后拉伸生成半圆柱体，如图 9-61 所示。

（11）单击"常用"选项卡→"绘图"面板→"圆"按钮，如图 9-62 所示捕捉上一步所生成实体的半圆面为绘制平面，直径中点为圆心，并捕捉象点确定半径，绘制圆。

图 9-61 向后拉伸半圆柱

图 9-62 捕捉端面为绘制平面绘制图形

注： 当平面被捕捉为绘制面时，会蓝色显示。

（12）再次通过象点绘制 X 轴向直径，选择"二维线框"视觉样式，用直径修剪掉下半圆，并创建面域。

（13）单击"常用"选项卡→"建模"面板→"拉伸"按钮，选择上一步创建的面域，在命令行输入 10，按 Enter 键，向前生成半圆柱，如图 9-63 所示。

（14）单击"常用"选项卡→"实体编辑"面板→"并集"按钮，选择两半圆柱进行并集，如图 9-64 所示。

图 9-63　向前生成半圆柱

图 9-64　并集两半圆柱

（15）将图层"粗实线 1"解冻，并选择"隐藏"视图样式，单击"常用"选项卡→"实体编辑"面板→"并集"按钮，选择两实体进行并集，如图 9-65 所示。

（16）单击"常用"选项卡→"坐标"面板→"原点"按钮，捕捉半圆柱前端面和直径中线放置坐标系，如图 9-66 所示。

（17）单击"常用"选项卡→"建模"面板→"圆柱"按钮，在命令行输入（0,0,0）（即以坐标原点为圆心），半径为 9，高度为-90。

图 9-65　并集实体

图 9-66　捕捉端面与中点创建坐标系

（18）单击"常用"选项卡→"实体编辑"面板→"差集"按钮，用上述第（15）步生成的实体减掉第（17）步生成的圆柱，结果如图 9-67 所示。

（19）单击"常用"选项卡→"坐标"面板→"原点"按钮，按图 9-68 所示创建坐标系。

图 9-67　差集后效果

图 9-68　移动"原点"创建坐标系

（20）"正交"状态下，绘制图 9-69 所示的封闭线框，用于减掉半圆柱的多出部分，线框尺寸应大于半圆柱超出部分的尺寸。

（21）选择"二维线框"视觉样式，并以上述第（20）步创建的封闭线框创建面域。

（22）单击"常用"选项卡→"建模"面板→"拉伸"按钮，选择上一步创建的面域，在命令行输入 40，按 Enter 键，生成实体，如图 9-70 所示。

图 9-69　绘制封闭线框

图 9-70　拉伸生成实体

（23）选择"隐藏"视觉样式，单击"常用"选项卡→"坐标"面板→"原点"按钮，将坐标移至图 9-70 所示实体上边线中点位置。

（24）镜像实体。

① 单击"常用"选项卡→"修改"面板→"三维镜像"按钮，选择上述第（23）步拉伸生成的实体，按 Enter 键。命令行提示：

[对象(O)/最近的(L)/Z 轴(Z)/视图(V)/XY 平面(XY)/YZ 平面(YZ)/ZX 平面(ZX)/三点(3)] <三点>：

② 单击"ZX 平面(ZX)"，命令行提示：

指定 ZX 平面上的点 <0,0,0>：

③ 按 Enter，默认指定 ZX 平面上的点为（0,0,0），命令行提示：

是否删除源对象？[是(Y)/否(N)] <否>：

④ 单击"否(N)"，生成实体镜像，如图 9-71 所示。

（25）单击"常用"选项卡→"实体编辑"面板→"差集"按钮，将上述第（18）步生成的实体减掉两侧实体，如图 9-72 所示。

图 9-71　镜像生成实体

图 9-72　差集后的效果

（26）单击"常用"选项卡→"坐标"面板→"原点"按钮，光标正交捕捉至 X 轴正方向，在命令行中输入 15，获得新坐标，如图 9-73 所示。

（27）单击"常用"选项卡→"建模"面板→"圆柱"按钮，在命令行输入（0,0,0）（即以坐标原点为圆心），半径为 9，高度为-25。

（28）单击"常用"选项卡→"实体编辑"面板→"差集"按钮⟡，将上述（25）步生成的实体减掉第（27）步生成的圆柱，如图 9-74 所示。

图 9-73　移动原点创建新坐标系

图 9-74　差集后的效果

（29）用同样的方式生成右侧圆柱孔，完成实体创建。

演练 9.2　根据如图 9-75 所示尺寸绘制三维实体。

图 9-75　零件图

（1）创建一个新的空白图形文件。

（2）在"草图与注释"工作空间，绘制图 9-76 所示的底座轮廓图。

（3）选择"面域"命令，将图 9-76 中所示的外轮廓线生成一个面域，生成效果如图 9-77 所示。

图 9-76　底座轮廓图

图 9-77　底座轮廓形成的面域

（4）拉伸底座轮廓为底座实体。

① 选择"三维基础"工作空间。

② 单击"可视化"选项卡"视图"面板→"东南等轴测"。

③ 单击"默认"选项卡→"创建"面板→"拉伸"按钮，选择所绘制的面域，拉伸高度为 24 的底座实体模型，结果如图 9-78 所示。

（5）单击"可视化"选项卡→"坐标"面板→"原点"按钮，捕捉底座上部边界圆弧的圆心，将坐标原点设置在底座上部的中心位置，如图 9-79 所示。

图 9-78　底座实体模型　　　　　　图 9-79　设置坐标原点在底座上部中心

（6）并开启"三维捕捉"，如图 9-80 所示。

图 9-80　开启三维捕捉

（7）单击"默认"选项卡→"创建"面板→"圆柱"按钮，根据提示绘制底面的中心点为坐标圆点，底面直径为 68，高度为 40 的圆柱体，如图 9-81 所示。

（8）单击"默认"选项卡→"编辑"→"并集"按钮，选择底座和圆柱体两个实体，对两个实体求并集，如图 9-82 所示。

图 9-81　绘制圆柱体　　　　　　图 9-82　底座和圆柱体并集

（9）单击"可视化"选项卡→"坐标"面板→"原点"按钮，捕捉圆柱体上端的圆心，将坐标原点设置在圆柱体上端的圆心位置。单击"默认"选项卡→"创建"面板→"圆柱"按钮，根据提示绘制底面的中心点为坐标圆点，底面直径为 52，高度为-35 的圆柱体，如图 9-83 所示。

（10）单击"可视化"选项卡→"坐标"面板→"原点"按钮，输入坐标点"0,0,-64"，将坐标原点由原先的圆柱体上端圆心沿 Z 轴向下移动 64，即设置在底座下端圆弧的圆心位置。单击"默认"选项卡→"创建"面板→"圆柱"按钮，根据提示绘制底面的中心点为坐标圆点，底面直径为 30，高度为 29 的圆柱体，如图 9-84 所示。

图 9-83　绘制圆柱体

图 9-84　绘制圆柱体

（11）单击"默认"选项卡→"编辑"→"差集"按钮⓪，用上述第（8）步中并集后的实体减去上述第（9）、（10）两步创建的圆柱体，如图 9-85 所示。

（12）单击"可视化"选项卡"坐标"面板→"原点"按钮⌐，捕捉实体对象上端圆柱的圆心，将坐标原点设置在实体对象上端圆柱的圆心位置。单击"可视化"选项卡→"坐标"面板→"X"按钮，在系统提示：指定绕 X 轴的旋转角度 <90>: 时输入 90，将坐标系绕 X 轴旋转 90°，如图 9-86 所示。

图 9-85　差集后效果

图 9-86　移动坐标系并绕 X 轴旋转 90 度

（13）选择"三维建模"工作空间，利用"常用"选项卡→"绘图"面板中绘图工具绘制二维图形并创建面域，如图 9-87 所示。

（14）单击"常用"选项卡→"创建"面板→"拉伸"按钮⫿，选择所创建的面域，拉伸高度大于 34 便可（此例设为 40）生成实体模型，如图 9-88 所示。

图 9-87　绘制二维图形并创建面域

图 9-88　拉伸生成实体

（15）选择"三维建模"工作空间，单击"常用"选项卡→"修改"面板→"三维镜像"按钮⧉，选择上述第（14）步生成的实体对象，以 XY 面为镜像平面，指定坐标原点为 XY 面上的一点，不删除源对象，结果生成如图 9-89 所示图形。

（16）单击"常用"选项卡→"实体编辑"面板→"差集"按钮⓪，用实体对象减去上述第（14）、（15）两步创建的实体，如图 9-90 所示。

图 9-89 通过镜像生成图形   图 9-90 对实体进行差集操作

（17）单击"常用"选项卡→"视图"面板→"隐藏"按钮；单击屏幕右侧"导航栏目"→"动态观察"→"自由动态观察"，拖动鼠标到合适观察的位置，如图 9-91 所示。

（18）单击"常用"选项卡→"坐标"面板→"世界"按钮，将坐标系还原到初始世界坐标系；单击"常用"选项卡→"坐标"面板→"原点"按钮，捕捉底座下表面的中心点，将坐标系原点设置在底座下表面中心点，如图 9-92 所示。

图 9-91 调整到合适视图位置   图 9-92 坐标原点设置在底面中心点

（19）单击"常用"选项卡→"修改"面板→"偏移"按钮，输入距离"24"，选择图 9-92 所示的中心线进行偏移；再次"偏移"刚生成的偏移线，偏移距离为 20（本例中该偏移距离只要大于 14 即可）；选择"直线"工具，连接刚生成的两偏移线的端点，以便形成封闭线框，如图 9-93 所示。

（20）将上一步第（19）生成的封闭线框创建成面域，如图 9-94 所示。

图 9-93 绘制二维图形   图 9-94 创建面域

（21）单击"常用"选项卡→"建模"面板→"拉伸"按钮，选择所创建的面域，拉伸高度 12 生成实体模型，如图 9-95 所示。

（22）单击"常用"选项卡→"修改"面板→"三维镜像"按钮，选择上述第（14）步生成的实体对象，以 YZ 面为镜像平面，指定坐标原点为 YZ 面上的一点，不删除源对象，结果生成如图 9-96 所示图形。

图 9-95　拉伸实体

图 9-96　镜像实体

（23）单击"常用"选项卡→"实体编辑"面板→"差集"按钮⚙️，用实体对象减去上述第（21）和第（22）步创建的实体，如图 9-97 所示。

（24）单击"可视化"选项卡→"视图"面板→"视觉样式"选项组→"灰度"；单击屏幕右侧的"导航栏"→"动态观察"→"自由动态观察"，拖动鼠标到合适位置，效果如图 9-98 所示。

图 9-97　差集后效果

图 9-98　实体最终效果

演练 9.3　绘制如图 9-99 所示的连杆实体图形。

图 9-99　连杆零件图

（1）新建空白图形文件。

（2）在"草图与注释"工作空间，根据图 9-99 所示给出的尺寸绘制图 9-100 所示的轮廓封闭线框。

（3）将上一步创建的轮廓线生成面域，如图 9-101 所示。

图 9-100　绘制封闭的轮廓线　　　　　　　　图 9-101　创建面域

（4）选择"三维建模"工作空间，单击"可视化"选项卡→"视图"面板→"东南等轴测"。

（5）单击"常用"选项卡→"建模"→"拉伸"按钮，选择所绘制图形，指定拉伸的倾斜角度为 5°，指定拉伸的高度为 10，创建实体模型，结果如图 9-102 所示。

（6）单击"常用"选项卡→"坐标"面板→"原点"按钮，捕捉连杆大头上端面圆弧 A 的圆心为坐标原点；单击"常用"选项卡→"绘图"面板→"圆"按钮，根据系统提示以坐标原点为圆心，捕捉圆心到圆弧的端点 C 或 D 的距离为半径绘制圆。

（7）单击"常用"选项卡→"建模"→"拉伸"按钮，选择上述第（6）步所绘制的圆，指定拉伸的倾斜角度：5°，指定拉伸的高度为 15，创建实体模型，如图 9-103 所示。

图 9-102　拉伸实体　　　　　　　　　　图 9-103　拉伸圆形生成实体

（8）单击"常用"选项卡→"实体编辑"→"并集"按钮，选择上述步骤生成的两个实体，对实体求并集。

（9）单击"常用"选项卡→"建模"→"球"按钮，根据提示，输入中心点坐标（0，0，42），球半径：36，效果如图 9-104 所示。

（10）单击"常用"选项卡→"实体编辑"面板→"差集"按钮，将并集后生成的实体和球体求差集，结果如图 9-105 所示。

（11）单击"常用"选项卡→"坐标"面板→"原点"按钮，捕捉连杆小头上端面圆弧 B 的圆心为坐标原点；单击"常用"选项卡→"绘图"面板→"圆"按钮，根据系统提示以坐标原点为圆心，捕捉圆心到圆弧的端点 E 或 F 的距离为半径绘制圆。

（12）单击"常用"选项卡→"建模"→"拉伸"按钮，选择第（11）步所绘制的圆，指定拉伸的倾斜角度：5°，指定拉伸的高度为 10，创建实体模型。

图 9-104　生成球体

图 9-105　差集后效果

（13）单击"常用"选项卡→"实体编辑"→"并集"按钮◎，选择上述步骤生成的实体和第（12）步生成的实体求并集。

（14）单击"常用"选项卡→"建模"→"球"按钮◎，根据提示，输入中心点坐标（0，0，18），球半径：13，如图 9-106 所示。

（15）单击"常用"选项卡→"实体编辑"面板→"差集"按钮◎，将上述第（13）步并集后生成的实体和球体求差集，结果如图 9-107 所示。

图 9-106　生成小球体

图 9-107　差集后效果

（16）单击"常用"选项卡→"建模"面板→"圆柱体"按钮，根据提示绘制底面的中心点为连杆大头最底面圆弧的圆心，底面直径为 20，高度为 25 的圆柱体。同样方法绘制底面的中心点为连杆小头最底面圆弧的圆心，底面直径为 10，高度为 20 的圆柱体，在如图 9-108 所示。

（17）单击"常用"选项卡→"实体编辑"面板→"差集"按钮◎，将上述第（16）步后生成的实体和两个圆柱体求差集，结果如图 9-109 所示。

图 9-108　创建圆柱

图 9-109　差集后效果

（18）圆角过渡。单击"实体"选项卡→"实体编辑"面板→"圆角边"按钮◎，根据系统提示，分别指定过渡半径为 8、5、3，并指定过渡的实体的边，效果如图 9-110 所示。

（19）单击"常用"选项卡→"视图"面板→"视觉样式"选项组→"灰度"选项，效果如图 9-111 所示。

图 9-110　圆角后的效果

图 9-111　灰度显示的效果

技能拓展 9

拓展 9.1　根据如图 9-112 所示尺寸绘制三维实体。

拓展 9.2　根据如图 9-113 所示尺寸绘制三维实体。

图 9-112　绘制实体模型

图 9-113　绘制实体模型

拓展 9.3　根据如图 9-114 所示尺寸绘制三维实体。

拓展 9.4　根据如图 9-115 所示尺寸绘制三维实体。

图 9-114　绘制三维实体

图 9-115　绘制三维实体

拓展 9.5 根据如图 9-116 所示尺寸绘制三维实体。

图 9-116 绘制三维实体

拓展 9.6 根据如图 9-117 所示尺寸绘制三维实体。

图 9-117 绘制三维实体

第 10 章　编辑与标注三维对象

知识目标

掌握三维对象的移动、阵列、镜像和旋转；对实体进行分解、剖切、倒角和圆角；对三维实体进行渲染并标注。

技能目标

能在绘制实体对象时熟练使用三维对象的编辑命令；对实体进行渲染；在绘制的实体对象上标注尺寸。

10.1　编辑三维对象

在 AutoCAD 2016 中，可以使用三维编辑命令，在三维空间中移动、复制、镜像、对齐以及阵列三维对象。

10.1.1　三维移动

在"三维建模"工作空间，单击"常用"选项卡→"修改"面板→"三维移动"按钮
，可以移动三维对象。执行"三维移动"命令时，首先需要指定一个基点，然后指定第二点即可移动三维对象。系统在命令行提示：

选择对象：

使用对象选择方法，然后在完成时按 Enter 键，命令行提示：

指定基点或［位移(D)］<位移>：

指定基点或输入 d，命令行提示：

指定第二个点或<使用第一个点作为位移>：

指定点或按 Enter 键。如果在"指定第二个点"提示下按 Enter 键，第一点将被解释为相对 X，Y，Z 位移。

10.1.2　三维旋转

在"三维建模"工作空间，单击"常用"选项卡→"修改"面板→"三维旋转"按钮
，可以使对象绕三维空间中任意轴（X 轴 Y 轴或 Z 轴）、视图、对象或两点旋转。

绕三维轴移动对象，系统在命令行提示：

选择对象：

使用对象选择方法并在完成选择后按 Enter 键，命令行提示：

指定轴上的第一个点或定义轴依据[对象(O)/上一个(L)/视图(V)/X 轴(X)/Y 轴(Y)/Z 轴

(Z)/两点(2)]：

  指定点、输入选项或按 Enter 键

  各选项功能含义如下：

  【对象】：将旋转轴与现有对象对齐。

  选择直线、圆、圆弧或二维多段线线段：

  【上一个】：使用最近的旋转轴。

  【视图】：将旋转轴与当前通过选定点的视口的观察方向对齐。

  【X 轴、Y 轴、Z 轴】：将旋转轴与通过指定点的坐标轴（X、Y 或 Z）对齐。

  【两点】：使用两个点定义旋转轴。在 ROTATE3D 的主提示下按 Enter 键将显示提示。如果在主提示下指定点将跳过指定第一个点的提示。

10.1.3　三维镜像

  单击"常用"选项卡→"修改"面板→"三维镜像"按钮，可以在三维空间中将指定对象相对于某一平面镜像。执行该命令，命令行提示：

  选择对象：

  选取要镜像的对象，并按 Enter 键，命令行提示：

  指定镜像平面的第一个点 (三点) 或［对象(O)/上一个(L)/Z 轴(Z)/视图(V)/XY/YZ/ZX/三点(3)］<三点>：

  输入选项、指定点或按 Enter 键。

  各选项功能含义如下：

  【对象】：使用选定平面对象的平面作为镜像平面，如图 10-1 所示。

  （1）选择对象：选择要镜像的对象，然后按 Enter 键。

选择对象作为镜像平面

图 10-1　选定"对象"作为镜像平面示意图

  （2）对象：单击"对象（O）"选项，选择平面对象，命令行提示：

  选择圆、圆弧或二维多段线线段：

  （3）选择用作镜像平面用的圆、圆弧或二维多段线，命令行提示：

  是否删除源对象？［是(Y)/否(N)］<否>：

  如果输入 Y，反映的对象将置于图形中并删除原始对象。如果输入 N 或按 Enter 键，反映的对象将置于图形中并保留原始对象。

  【上一个】：相对于最后定义的镜像平面对选定的对象进行镜像处理。

  【Z 轴】：根据平面上的一个点和平面法线上的一个点定义镜像平面，如图 10-2 所示。

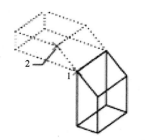

图 10-2 指定"Z 轴"作为镜像平面示意图

在镜像平面上指定点: 指定点(1)

在镜像平面的 Z 轴（法向）上指定点: 指定点(2)

是否删除源对象？[是(Y)/否(N)]<否>: 输入 Y 或 N，或按 Enter 键

【视图】：将镜像平面与当前视口中通过指定点的视图平面对齐。

在视图平面上指定点<0,0,0>: 指定点或按 Enter 键

是否删除源对象？[是(Y)/否(N)]<否>: 输入 Y 或 N，或按 Enter 键

【XY/YZ/ZX】：将镜像平面与一个通过指定点的标准平面（XY、YZ 或 ZX）对齐，如图 10-3 所示。

在 XY、YZ 或 ZX 平面上指定点<0,0,0>: 指定点 (1) 或按 Enter 键。

是否删除源对象？[是(Y)/否(N)]<否>: 输入 Y 或 N，或按 Enter 键。

【三点】：通过三个点定义镜像平面。如果通过指定点来选择此选项，将不显示"在镜像平面上指定第一点"的提示，如图 10-4 所示。

| xy | yz | zx |

图 10-3　镜像平面与一个通过指定点的标准平面对齐示意图

图 10-4　通过三个点定义镜像平面示意图

在镜像平面上指定第一点: 指定点(1)

在镜像平面上指定第二点: 指定点(2)

在镜像平面上指定第三点: 指定点(3)

是否删除源对象？[是(Y)/否(N)]<否>: 输入 y 或 n，或按 Enter 键。

10.1.4　三维阵列

三维实体的阵列与二维图形的阵列完全一样，只是比二维图形阵列多了"层级"设置，在此不再赘述。

10.2　编辑三维实体对象

在 AutoCAD 2016 中，可以对实体进行"分解"、"圆角"、"倒角"、"剖切"及"切割"等编辑操作。

10.2.1　分解实体

单击"修改"面板→"分解"按钮，选择"修改""分解"命令(EXPLODE)，或者

在"修改"工具栏中单击"分解"按钮，可以将实体分解为一系列面域和主体。其中，实体中的平面被转换为面域，曲面被转化为主体。用户还可以继续使用该命令，将面域和主体分解为组成它们的基本元素，如直线、圆及圆弧等。

10.2.2　剖切实体

通过剖切或分割现有对象，创建新的三维实体和曲面，如图 10-5 所示。

图 10-5　实体剖切示意图

可以通过 2 个或 3 个点定义剪切平面，方法是指定 UCS 的主要平面，或者选择某个平面或曲面对象（而非网格）。可以保留剖切对象的一个或两个侧面。

（1）单击"常用"选项卡→"实体编辑"面板→"剖切"按钮，命令行提示：

选择要剖切的对象：

（2）选择对象，并按 Enter 键，命令行提示：

指定剖切平面的起点或［平面对象(O)/曲面(S)/Z 轴(Z)/视图(V)/XY/YZ/ZX/三点(3)］<三点>：指定点、输入选项或按 Enter 键以使用"三点"选项

（3）指定剖切平面的起点，按 Enter 键，命令行提示：

平面上的第二点：

（4）指定剖切平面的第二个点（这两点将定义剖切平面的角度。剖切平面垂直于当前 UCS），命令行提示：

选择要保留的实体[保留两侧(B)]<保留两侧>：

（5）选择生成的实体之一或输入 b，完成剖切。"剖切"各选项功能含义如下：

【平面对象】：将剪切面与圆、椭圆、圆弧、椭圆弧、二维样条曲线或二维多段线对齐。

【曲面】：将剪切平面与曲面对齐。

【Z 轴】：通过平面上指定一点和在平面的 Z 轴（法向）上指定另一点来定义剪切平面。

【视图】：将剪切平面与当前视口的视图平面对齐。指定一点定义剪切平面的位置。

【XY】：将剪切平面与当前用户坐标系（UCS）的 XY 平面对齐。指定一点定义剪切平面的位置。

【YZ】：将剪切平面与当前 UCS 的 YZ 平面对齐。指定一点定义剪切平面的位置。

【ZX】：将剪切平面与当前 UCS 的 ZX 平面对齐。指定一点定义剪切平面的位置。

【三点】：用三点定义剪切平面。

10.2.3　对实体倒角和圆角

1. 对实体倒角

通过"倒角"可以对实体的棱边修倒角，从而在两相邻曲面间生成一个平坦的过渡面。

（1）单击"实体"选项卡→"实体编辑"面板→"倒角"按钮，命令行提示：

命令：_CHAMFEREDGE 距离 1 = 1.0000，距离 2 = 1.0000

选择一条边或 [环(L)/距离(D)]：

选项功能含义如下：

【选择边】：选择要建立倒角的一条实体边或曲面边。

【距离1】：设定第一条倒角边与选定边的距离。默认值为1。

【距离2】：设定第二条倒角边与选定边的距离。默认值为1。

【环】：对一个面上的所有边建立倒角。对于任何边，有两种可能的循环。选择循环边后，系统将提示您接受当前选择，或选择下一个循环。

（2）单击"距离（D）"选项，对倒角距离进行调整。

（3）选择选项倒角的边，按Enter键，完成倒角。

2. 对实体圆角

通过"圆角"可以为实体的棱边修圆角，从而在两个相邻面间生成一个圆滑过渡的曲面。在为几条交于同一个点的棱边修圆角时，如果圆角半径相同，则会在该公共点上生成球面的一部分。

（1）单击"实体"选项卡→"实体编辑"面板→"倒角"按钮 📦，命令行提示：

选择边或 [链(C)/环(L)/半径(R)]:

各选项功能含义如下：

【选择边】：指定同一实体上要进行圆角的一个或多个边。按 Enter 键后，可以拖动圆角夹点来指定半径，也可以使用"半径"选项。

【链】：指定多条边的边相切。

【环】：在实体的面上指定边的环。对于任何边，有两种可能的循环。选择循环边后，系统将提示您接受当前选择，或选择下一个循环。

【半径】：指定半径值。

（2）单击"半径(R)"选择，调整半径值。

（3）选择所需倒圆的边，按 Enter 键，完成倒圆。

10.2.4　加厚

通过"加厚"可以将曲面添加厚度，使其成为一个实体。通过加厚曲面可以从任何曲面类型创建三维实体。

选择曲面，输入加厚的厚度，完成加厚。

10.2.5　倾斜面

按指定的角度倾斜三维实体上的面。

以指定的角度倾斜三维实体上的面。倾斜角的旋转方向由选择基点和第二点（沿选定矢量）的顺序决定，如图 10-6 所示。正角度将向里倾斜面，负角度将向外倾斜面。默认角度为 0，可以垂直于平面拉伸面。

各选项功能含义如下：

【选择面（倾斜）】：指定要倾斜的面，然后设置倾斜度。

【基点】：设置用于确定平面的第一个点。

【指定沿倾斜轴的另一个点】：设置用于确定倾斜方向的轴的方向。

【倾斜角】：指定–90°到+90°之间的角度以设置与轴之间的倾斜度。

选定面　　　　　　　基点和选定的第二点　　　　　倾斜10度的面

图 10-6　以指定的角度倾斜三维实体上的面

10.2.6　拉伸面

按指定的距离或沿某条路径拉伸三维实体的选定平面。如图 10-7 所示。

在 AutoCAD 2016 中，使用"修改"→"实体编辑"子菜单中的命令，可以对实体面进行拉伸、移动、偏移、删除、旋转、倾斜、着色和复制等操作。

图 10-7　拉伸平面

10.2.7　实体压印、清除、分割、抽壳与检查

在 AutoCAD 2016 中，还可以对实体进行压印、清除、分割、抽壳与检查等操作。

10.3　标注三维对象的尺寸

在 AutoCAD 2016 中，使用"标注"菜单中的命令或"标注"工具栏中的标注工具，不仅可以标注二维对象的尺寸，还可以标注三维对象的尺寸。由于所有的尺寸标注都只能在当前坐标的 XY 平面中进行，因此为了准确标注三维对象中各部分的尺寸，需要不断地变换坐标系。

实战演练 10

演练 10.1　将图 10-8 所示的三维实体零件图进行标注。

（1）打开"第 10 章 dwg/t10-8-1"文件。

（2）如前几章所述，建立合适的图层、文字样式、标注样式等，本例中已建立完成。

（3）单击"常用"选项卡→"视图"面板"视觉样式"选项组→"隐藏"视觉样式，执行消隐命令，对图形消隐。

（4）单击"常用"选项卡→"坐标"面板→"原点"按钮，捕捉底座右下角点为坐标原点。在"注释"选项卡→"标注"面板中，选择"直线"样式，并单击"线性"按钮，分别选择底板矩形的两条平行边的对应直线端点，标注出矩形的长度和宽度，如图 10-9 所示。

图 10-8　标注三维实体零件图

图 10-9　标注底板轮廓矩形的长度和宽度

图 10-10　标注底板上表面上有关尺寸

（5）单击"常用"选项卡→"坐标"面板→"原点"按钮，捕捉底座右上角点为坐标原点。单击"线性"按钮，标注圆孔圆心的距离矩形边界的位置；选择"圆与圆弧"标注样式，单击"半径"按钮，分别标注底座两个圆角过渡的半径；单击"直径"按钮，选择圆孔圆周后，输入 T 命令标注文字，输入："2×%%C15通孔"然后指定标注位置。如图 10-10 所示。

（6）单击"常用"选项卡→"坐标"面板→"原点"按钮，捕捉圆柱体上表面圆心为坐标原点。选择"圆与圆弧"标注样式，单击"直径"按钮，选择圆柱体中间孔圆周后，输入 T 命令标注文字，输入："%%C25 通孔"然后指定标注位置；单击"直径"按钮，选择圆柱体的圆周，标注圆周直径。如图 10-11 所示。

（7）单击"常用"选项卡→"坐标"面板→"X"按钮，将坐标系统绕 X 轴旋转

90°。选择"直线"样式 直线 ，并单击"线性"按钮 线性 ，标注圆柱体在支架上位置有关尺寸 12 和 40。如图 10-12 所示。

图 10-11　标注带通孔圆柱体有关尺寸　　　图 10-12　标注圆柱体在支架上位置有关尺寸

（8）单击"常用"选项卡→"坐标"面板→"原点"按钮 ，选择支架下部与底座交点为坐标系原点。选择"直线"样式 直线 ，并单击"线性"按钮 线性 ，标注支架上的有关线性尺寸；选择"圆与圆弧"标注样式 圆和圆弧 ，单击"半径"按钮 半径 ，分别标注支架上两个圆角过渡的半径尺寸。如图 10-13 所示。

（9）单击"常用"选项卡→"坐标"面板→"原点"按钮 ，选择底座右下角点为坐标系原点。选择"直线"样式 直线 ，并单击"线性"按钮 线性 ，标注底板高度尺寸。如图 10-14 所示。

图 10-13　标注支架上有关尺寸　　　　　图 10-14　标注底板高度尺寸

（10）单击"常用"选项卡→"坐标"面板→"世界"按钮 ，恢复世界坐标系，完全标注出立柱支架实体图形的所有尺寸。

技能拓展 10

拓展 10.1 根据图 10-15 所示标注三维实体尺寸。

拓展 10.2 根据图 10-16 所示标注三维实体尺寸。

图 10-15　标注三维实体尺寸　　　　　　　图 10-16　标注三维实体尺寸

拓展 10.3 根据图 10-17 所示标注三维实体尺寸。

拓展 10.4 根据图 10-18 所示标注三维实体尺寸。

图 10-17　标注三维实体尺寸　　　　　　　图 10-18　标注三维实体尺寸

第11章 图形的输入输出与专业绘图相关技术

知识目标

了解模型空间和图纸空间；熟悉不同图形文件的格式；熟悉图形文件的输入输出；熟悉什么是样图文件，样图文件绘图环境设置的内容；如何按图形真实尺寸绘图；如何从三维实体自动生成二维三视图。

技能目标

打开和保存 DWG 格式的图形文件；导入或导出其他格式的图形；快速创建样图文件；能够掌握采用不同比例按图形真实尺寸绘图的技巧；熟练掌握三维实体自动生成二维三视图的操作方法。

11.1 图形输入输出基础知识

AutoCAD 2016 提供了图形输入与输出接口，不仅可以将其他应用程序中处理好的数据传送给 AutoCAD 2016，以显示其图形，还可以将在 AutoCAD 2016 中绘制好的图形打印出来，或者把它们的信息传送给其他应用程序。

11.1.1 模型空间和图纸空间

"模型"选项卡提供了一个无限的绘图区域，称为模型空间。模型空间是用户在其中完成绘图和设计工作的工作空间。利用在模型空间中建立的模型可以完成二维或三维物体的设计，并且可以根据用户需求用多个二维或三维视图来表示物体，同时还可以配有必要的尺寸标注和注释等完成所需要的全部工作。

"布局"选项卡提供了一个称为图纸空间的区域。图纸空间给用户进行图形排列、绘制局部放大图以及绘制视图使用。通过移动或改变视口的尺寸，可在图纸空间中排列视图。在图纸空间中，视口被看做一个对象，可用 AutoCAD 2016 的标准编辑命令对其进行编辑，这样用户便可以在同一绘图页中进行不同视图的绘制和放置。每个视口都能展示模型不同部分的视图或不同视点的视图。

在模型空间和图纸空间之间切换来执行某些任务具有多种优点，使用模型空间可以创建和编辑模型，使用图纸空间可以构造图纸和定义视图。

在打开"布局"标签后，用户可以按以下方式在图纸空间和模型空间之间切换。

（1）通过使一个视口成为当前视口而工作在模型空间中。要使一个视口成为当前视口，可用鼠标左键双击该视口；要使图纸空间成为当前状态，可双击浮动视口外布局内的任何位置。

（2）通过鼠标单击系统状态栏上的"模型"按钮或"布局"按钮来切换。通过此方法由布局空间切换到模型空间时，最后活动的视口成为当前视口。

（3）使用 MSPACE 命令从图纸空间切换到模型空间；使用 PSPACE 命令从模型空间切换到图纸空间。

11.1.2　创建和管理布局

在 AutoCAD 2016 中，可以创建多种布局，每个布局都代表一张单独的打印输出图纸。创建新布局后就可以在布局中创建浮动视口，视口中的各个视图可以使用不同的打印比例，并能够控制视口中图层的可见性。

1．使用布局向导创建布局

在状态栏单击系统预设的"布局 1"或"布局 2"，进入布局空间，此时功能区出现"布局"选项卡，如图 11-1 所示。

图 11-1　"布局"选项卡

单击"布局"选项卡→"布局"面板→"新建"按钮，命令行提示：

输入布局选项［复制(C)/删除(D)/新建(N)/样板(T)/重命名(R)/另存为(SA)/设置(S)/?］<设置>:

用户可以通过不同选项实现对布局的创建和管理。

图 11-2　"布局"快捷菜单中的命令

2．管理布局

右击"布局"标签，使用弹出的快捷菜单中的命令，可以实现对布局的删除、新建、重命名、移动或复制布局等管理工作，如图 1-2 所示。

11.1.3　布局的页面设置

单击"布局"选项卡→"布局"面板→"页面设置"按钮，打开"页面设置管理器"对话框，如图 11-3 所示。单击"新建"按钮，打开"新建页面设置"对话框，如图 11-4 所示，可以在其中创建新的布局。

在"新页面设置名称"中输入名称；在基础样式列表中选项基础样式，单击"确定"，弹出如图 11-5 所示的"页面设置"对话框。对话框中各选项功能含义如下：

【打印机/绘图仪】：指定打印或发布布局或图纸时使用的已配置的打印设备。

【图纸尺寸】：显示所选打印设备可用的标准图纸尺寸。如果未选择绘图仪，将显示全部标准图纸尺寸的列表以供选择。

【打印区域】：指定要打印的图形区域。在"打印范围"下，可以选择要打印的图形区域。

图 11-3 "页面设置管理器"对话框

图 11-4 "新建页面设置"对话框

图 11-5 "页面设置"对话框

【打印偏移】：根据"指定打印偏移时相对于"选项（"选项"对话框，"打印和发布"选项卡）中的设置，指定打印区域相对于可打印区域左下角或图纸边界的偏移。"页面设置"对话框的"打印偏移"区域在括号中显示指定的打印偏移选项。

【打印样式表（笔指定）】：设置、编辑打印样式表，或者创建新的打印样式表。

【着色视口选项】：指定着色和渲染视口的打印方式，并确定它们的分辨率级别和每英寸点数 (DPI)。

【打印选项】：指定线宽、打印样式、着色打印和对象的打印次序等选项。

【图形方向】：为支持纵向或横向的绘图仪指定图形在图纸上的打印方向。

注意：这种打印方向还受 PLOTROTMODE 系统变量的影响。

【预览】：按执行 PREVIEW 命令时在图纸上打印的方式显示图形。要退出打印预览并返回"页面设置"对话框，请按 Esc 键，然后按 Enter 键；或单击鼠标右键并单击快捷菜单上的"退出"。

11.1.4　在布局中插入标准的图框和标题栏

布局页面设置后，可以利用插入外部参照的方式在布局空间插入已经绘制好的图框和标题栏，步骤如下。

1. 首先绘制标注的图框和标题栏

（1）新建空白文件，并设置好所需的图层、文字样式等（可以通过设计中心从其他已经存在的文件中进行图层、文字样式、标注样式等内容的复制）。

（2）按图 11-6 所示尺寸，绘制留装订边的 A3 横向图纸的边沿框和图框，图纸边沿框左下角坐标为（0，0）。

（3）单击"插入"选项卡→"块"面板→"插入"按钮 ，单击"更多选项"，在弹出的"插入"对话框中选择之前创建的"标题栏"块，将其插入到图框右下角，如图 11-7 所示。

（4）将文件保存为"A3 横向留装订边"。

图 11-6　绘制图纸边沿线和图框线

图 11-7　插入标题栏

2. 设置"布局"中的页面为 A3 横向

（1）打开已有的文件或新建文件。

（2）在状态栏中单击"布局 1"，进入"布局"工作空间，单击布局中的矩形框并删除。

（3）单击"布局"选项卡→"布局"面板→"页面设置"按钮 ，弹出图 11-8 所示的"页面设置管理器"对话框，单击"修改"按钮，弹出图 11-9 所示的"页面设置"对话框。

（4）将图 11-9 所示的"页面设置"对话框中的图纸尺寸设置为 A3，图形方向设置为横向，单击"确定"按钮。

图 11-8 "页面设置管理"对话框

图 11-9 "页面设置"对话框

3. 在布局中插入图框

（1）单击"插入"选项卡→"参照"面板→"附着"按钮，在弹出的图 11-10 所示的"选择参照文件"对话框中选择创建好的"A3 横向留装订边"文件打开后弹出图 11-11 所示的"附着外部参照"对话框。

（2）在"附着外部参照"对话框的插入点选项中，去除"在屏幕上指定"，并将坐标 X、Y、Z 都设置为 0。

图 11-10 "选择参照文件"对话框

图 11-11 "附着外部参照"对话框

（3）单击"确定"按钮，完成外部参照的插入，如图 11-12 所示。

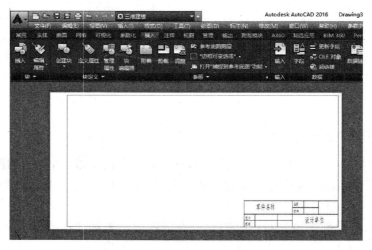

图 11-12 在布局中插入图框

11.1.5 使用浮动视口

单击菜单"视图"→"视口"，弹出浮动视口创建菜单，也可使用"视口"工具栏进行浮动"视口"的创建，如图 11-13 所示。

图 11-13 "视口"菜单和"视口"工具栏

在构造布局图时，可以将浮动视口视为图纸空间的图形对象，并对其进行移动和调整。浮动视口可以相互重叠或分离。在图纸空间中无法编辑模型空间中的对象，如果要编辑模型，必须激活浮动视口，进入浮动模型空间。激活浮动视口的方法有多种，如可执行 MSPACE 命令、单击状态栏上的"图纸"按钮（见图 11-14）或双击浮动视口区域中的任意位置。如要关闭浮动可在浮动视口窗口外双击，或单击状态栏上的"模型"按钮（见图 11-15）。

图 11-14 状态栏中的"图纸"按钮

图 11-15 状态栏中的"模型"按钮

1. 删除、新建和调整浮动视口

在布局图中，选择浮动视口边界，然后按 Delete 键即可删除浮动视口。删除浮动视口后，使用"视图"→"视口"→"新建视口"命令，可以创建新的浮动视口，此时需要指定创建浮动视口的数量和区域。

相对于图纸空间而言，浮动视口和一般的图形对象没有什么不同。每个浮动视口均被绘制在当前层上，且采用当前层的颜色和线型，因此，可以用标准的图形编辑命令来编辑浮动视口。

2. 相对图纸空间比例缩放视图

如果布局图中使用了多个浮动视口时，就可以为这些视口中的视图建立相同的缩放比例，这时可选择要修改其缩放比例的浮动视口，在"特性"窗口的"标准比例"下拉列表框中选择某一比例，然后对其他的所有浮动视口执行同样的操作，就可以设置一个相同的比例值。

3. 在浮动视口中旋转视图

在浮动视口中，执行 MVSETUP 命令可以旋转整个视图。该功能与 ROTATE 命令不同，ROTATE 命令只能旋转单个对象；MVSETUP 命令可以旋转整个视图。当执行 MVSETUP 命令后，系统将提示如下信息：

输入选项 [对齐(A)/创建(C)/缩放视口(S)/选项(O)/标题栏(T)/放弃(U)]:

选择各对应选项进行设置便可在浮动视口中旋转视图。

4. 创立特殊形状的浮动视口

在删除浮动视口后，可以选择"视图"→"视口"→"多边形视口"命令，创建多边形形状的浮动视口。

用户也可以将图纸空间中绘制的封闭多段线、圆、面域、样条线或椭圆等设置为视口边界，这时可选择"视图"→"对象"命令来创建浮动视口。

5. 控制浮动视口中对象的可见性

在浮动视口中，可以使用多种方法和技巧来控制对象的可见性，如消隐视口中的线条，打开或关闭浮动视口等。利用此类方法可以限制图形的重生成，突出显示或隐藏图形中的不同元素或对象。

在浮动视口中，利用"图层特性管理器"对话框可在一个浮动视口中冻结或解冻某层，而不影响其他视口，使用该方法可以在图纸空间中输出对象的三视图或多视图。

如果图形中包括网格、拉伸对象、三维面、表面或实体对象，打印时可以删除选定视口中的隐藏线，视口对象的隐藏打印特性只影响打印输出，而不影响屏幕显示。打印布局时，在"页面设置"对话框中选中"隐藏图纸空间对象"复选框，可以只消隐图纸空间的几何图形，对视口中的几何图形不起作用。

11.2　输入、输出及打印图形

在 AutoCAD 2016 中，系统除了可以打开和保存 DWG 格式的图形文件外，还可以导入或导出其他格式的图形文件。

11.2.1　输入图形

（1）在 AutoCAD 2016 的"插入"工具栏中，如图 11-16 所示，单击"输入"按钮将打开"输入文件"对话框，如图 11-17 所示，在其中的"文件类型"下拉列表中可以看到，系统允许输入"图元文件"、ACIS、3D Studio、V 8 DGN 图形格式文件。

图 11-16　"插入"工具栏

（2）在 AutoCAD 2016 的菜单命令中，如图 11-11 所示，用户可以选择执行其"插入"

菜单下的子命令，输入"Windows 图元文件"、ACIS 文件、3D Studio 图形格式文件。

图 11-17 "输入文件"对话框

图 11-18 "插入"菜单下的子命令

（3）插入 OLE 对象。选择"插入"→"OLE 对象"命令，打开"插入对象"对话框，如图 11-19 所示，对象可以"新建"文件，也可以"由文件创建"。在此对话框中可以插入对象链接或者嵌入对象。

（4）插入外部参照。如图 11-20 所示。

图 11-19 "插入对象"对话框

图 11-20 "插入外部参照"选项板

11.2.2 输出图形

选择"文件"→"输出"命令打开"输出"对话框，如图 11-21 所示，用户可以在"保存于"下拉列表框中设置文件输出的路径；在"文件"文本框中输入要输出的文件的文件名称；在"文件类型"下拉列表框中，选择文件输出的类型，如"3D DWF"、"图元文件"、ACIS、"平板印刷"、"封装 PS"、"DXX 提取"、"位图"、"块"、"V8 DGN"等。

图 11-21　文件"输出"对话框

11.2.3　打印图形

创建完图形之后，通常要打印到图纸上，也可以生成一份电子图纸，以便从互联网上进行访问。打印的图形可以包含图形的单一视图，或者更为复杂的视图排列。根据不同的需要，可以打印一个或多个视口，或设置选项以决定打印的内容和图像在图纸上的布置。

1. 打印预览

在打印输出图形到打印机或绘图仪之前最好先生成打印图形的预览，以检查设置是否正确。生成预览可以节约时间和材料，例如，图形是否都在有效输出区域内等。预览输出结果的方法如下：

（1）选择"文件"→"打印预览"命令；或在"标准"工具栏中单击"打印预览"按钮；或在命令提示行中输入命令 PREVIEW。

（2）AutoCAD 2016 将按照当前的页面设置、绘图设备设置及绘图样式表等在屏幕上绘制最终要输出的图纸。

（3）在预览窗口中，用户可以从"打印"对话框预览图形。预览显示图形在打印时的确切外观，包括线宽、填充图案和其他打印样式选项。

预览图形时，将隐藏活动工具栏和工具选项板，并显示临时的"预览"工具栏，其中提供打印、平移和缩放图形的按钮。

在"打印"和"页面设置"对话框中，缩微预览还在页面上显示可打印区域和图形的位置。

显示图形的打印效果是显示当前图形的全页预览。预览基于当前打印配置，它由"页面设置"或"打印"对话框中的设置定义。光标将变为带有加号 (+) 和减号(-)的放大镜。在按下拾取键的同时向屏幕顶端拖动光标将放大预览图像，向屏幕底部拖动将缩小预览图像。

"预览"窗口工具栏中提供如下选项：

【打印】：打印整张预览中显示的图形，然后退出"打印预览"。

【平移】：显示平移光标，即手形光标，可以用来平移预览图像。按住拾取键并在任意方向上拖动光标。平移光标将保持活动状态，直到单击另一个按钮。

【缩放】：显示缩放光标，即放大镜光标，可以用来放大或缩小预览图像。要放大图像，请按下拾取键并向屏幕顶部拖动光标；要缩小图像，请按下拾取键并向屏幕底部拖动光标。

【窗口缩放】：缩放以显示指定窗口。"窗口缩放"适用于缩放光标和平移光标。

【缩放为窗口】：恢复初始整张浏览。"缩放为原窗口"可与缩放光标和平移光标一起使用。

【关闭预览窗口】：关闭"预览"窗口。

2. 绘图输出

在 AutoCAD 2016 中，可以使用"打印"对话框打印图形。当在绘图窗口中选择一个布局选项卡后，选择"文件"→"打印"命令，打开"打印"对话框，用户根据需要进行设置，如图 11-22 所示。对话框中名选项含义如下：

图 11-22 "打印"对话框

【打印到文件】复选框：用于设置是否将打印结果输出到文件，如果是，系统将需要设置文件保存的路径。

【打开打印戳记】复选框：用来指定是否在每个输出图形的某个角落上显示绘图标记，以及是否产生日志文件。

【打印戳记】：包括图形名称、布局名称、日期和时间、绘图比例、绘图设备及纸张尺寸等，用户还可以自己定义自己的绘图标记。在"打印选项"选项区中选中"打开打印戳记"复选框，则表示打开绘图标记显示。单击"打印戳记设置"按钮，打开"打印戳记"对话框，用户可以根据需要对"打印戳记"的选项进行设置，如图 11-23 所示。

图 11-23 "打印戳记"对话框

在该对话框中，"打印戳记字段"选项区域的复选框用来指定在图形中显示哪些能预定义的绘图标记；"用户定义的字段"选项区域显示了用户自定义的绘图标记，单击"添加/编辑"按钮可以添加和编辑自定义的绘图标记；"打印戳记参数文件"选项区域用来加载或保存有关"打印戳记"的参数设置。

用户在对各选项都设置完成后，在"打印"对话框中单击"确定"按钮，系统将输出图形，并动态显示输出的进度。如果图形输出过程中出现错误，或用户想中断输出图形，可按"Esc"键，AutoCAD 2016 将结束图形的输出。

11.3 样板图形文件的创建

学习 AutoCAD 2016 的最终目的是绘制专业的工程图样。在实际工作中用 AutoCAD 2016 绘制工程图，是将常用的绘图环境设成样图，使用时只要调用它即可，以提高工作效率。

AutoCAD 2016 的重要功能之一就是可以让用户创建自己所需要的样图，并在执行"新建"文件命令出现"创建新图形"对话框中方便地调用它。用户可以根据自己的需要，创建系列样图，在提高绘图效率的同时使图样标准化。

11.3.1 样板图形的内容

绘图环境设置的内容如下：

选择"工具"→"选项"，打开"选项"对话框修改系统配置。

选择"格式"→"单位"，打开"图形单位"对话框确定绘图单位。

选择"格式"→"图幅界限"，设置图幅。

选择"视图"→"缩放"→"全部"命令，使整张图全屏显示。

选择"格式"→"线型"，打开"线型管理器"对话框，设置线型。

选择"格式"→"图层"，打开"图层特性管理器"对话框，新建图层，设置线型、颜色和线宽。

选择"格式"→"文字样式"，打开"文字样式"对话框，设置所需要的文字样式。

选择"绘图"工具栏里的绘图工具，绘制图框、标题栏。

选择"格式"→"标注样式"，打开"标注样式"对话框，设置所需要的标注样式。

选择"绘图"→"块"→"创建"，创建所需要的图块，如：粗糙度、基准代号等，建立图形库。

11.3.2 创建样图的方法

1. 从"创建新图形"对话框创建样图

（1）输入 NEW 命令，或选择"文件"→"新建"命令，系统弹出"选择样板"对话框，单击"无样板打开-公制"选项，进入绘图状态，如图 11-24 所示。

图 11-24 "选择样板"对话框

（2）设置样图的所有环境设置的基本内容及其用户所需要的内容。

（3）选择"文件"→"保存"命令，弹出"图形另存为"对话框，在该对话框"保存类型"下拉列表中选择"AutoCAD 2016 图形样板文件（*.dwt）"选项，在"保存在"下拉列表中选择保存文件的路径，在"文件名"文件编辑框中输入样图名，如：ZJ-A4 竖向-留装订边.dwt。如图 11-25 所示。

图 11-25 "图形另存为"对话框

（4）单击"图形另存为"对话框中的"保存"按钮，弹出"样板说明"对话框；在"样板说明"对话框中输入一些说明性文字，单击"确定"按钮，系统即将当前图形存储为 AutoCAD 2016 的样板文件。

（5）关闭该图形，完成样板图形文件的创建。

2. 用已有的图形创建样图

（1）如果已经有其他图中的绘图环境与所要创建的样图基本相同时，用户可以将该图为基础来快速创建样图。

（2）选择"文件"→"打开"命令，打开一个已经绘制的图形文件。

（3）选择"文件"→"另存为"，弹出"图形另存为"对话框，在该对话框"保存类型"下拉列表中选择"AutoCAD 2016 图形样板文件（*.dwt）"选项，在"保存在"下拉列表中选择保存文件的路径，在"文件名"文件编辑框中输入样图名。

（4）单击"图形另存为"对话框中的"保存"按钮，弹出"样板说明"对话框；在"样板说明"对话框中输入一些说明性文字，单击"确定"按钮，系统即将当前打开的图形文件另外存储为 AutoCAD 2016 的样板文件。

（5）按图样的具体要求再对此样图进行修改。

（6）单击"文件"→"保存"命令，保存修改，关闭该图形，完成样板图形文件的创建。

3. 使用 AutoCAD 2016 设计中心创建样图

（1）输入 NEW 命令，或选择"文件"→"新建"命令，系统弹出"选择样板"对话框，单击"无样板打开-公制"选项，进入绘图状态。

（2）选择"工具"→"选项板"→"设计中心"，打开"设计中心"选项板。

（3）从"设计中心"的树状图中分别打开要用到的图形文件，使"设计中心"内容显示框中显示所需要的内容，然后用拖动的方法分别将其复制到当前图中，关闭"设计中心"。

（4）按图样的具体要求再对此样图图形"分解"后，按用户要求进行"修改"。

（5）选择"文件""保存"命令，弹出"图形另存为"对话框，在该对话框"保存类型"下拉列表中选择"AutoCAD 2016 图形样板文件（*.dwt）"选项，在"保存在"下拉列表中选择保存文件的路径，在"文件名"文件编辑框中输入样图名。

（6）单击"图形另存为"对话框中的"保存"按钮，弹出"样板说明"对话框；在"样板说明"对话框中输入一些说明性文字，单击"确定"按钮，系统即将当前图形存储为 AutoCAD 2016 的样板文件。

（7）关闭该图形，完成样板图形文件的创建。

11.4 按形体真实尺寸绘图

大多数专业图形的绘图比例都不是 1∶1，在计算机上如果像手工绘图同样方法按比例计算尺寸来绘制，那是相当麻烦的。如果直接按图样尺寸所设绘图比例环境 1∶1 绘制工程图样的全部内容，然后再用 SCALE "缩放"命令进行比例缩放或在输出图形时调整比例，输出的图形中图形的线型、尺寸标注、剖面线间距、某些文字的字高等都可能不是用户想象的效果。

如何使输出的图中绘制的线型、字体、尺寸、剖面线等元素符合制图标准，这里以一实例来介绍一个比较实用的方法。

例如，绘制一张 A1 图幅，比例为 1：100 的专业图。方法如下：

（1）选择 A1 样图新建一张图。

（2）用 SCALE "缩放" 命令，基点选定在坐标原点（0，0）处，输入比例系数："100"，将整张图纸（包括图框、标题栏）放大 100 倍。

（3）用 ZOOM 视图缩放命令，选择 "全部（A）" 选项使放大的图形全屏显示（此时栅格不可用）。

（4）绘制实体对象的图层，按图形真实大小（即尺寸数值）绘出图形，但是不画剖面线、不标注尺寸、不写文字。

（5）用 SCALE "缩放" 命令，基点仍选定在坐标原点（0，0）处，输入比例系数："0.01"，将整张图纸（包括图框、标题栏）缩小 100 倍。

（6）标注尺寸图层，绘制工程图中的剖面线、标注尺寸、注写文字等（在 "新建标注样式" 对话框中选择 "主单位" 标签，进行如下设置："比例因子" 应根据当前图的绘图比例输入比例值："100"）。

（7）检查、修正、保存图形文件。便可完成工程图绘制。

11.5　三维实体图自动生成二维三视图

在工程图绘制过程中往往要根据三维实体模型绘制其三视图，即：主视图、俯视图和左视图。手工绘制三视图是根据实体形状想象出各个视图的形状再绘制出三视图，这往往出现多线或少线的错误。用 AutoCAD 2016 软件根据实体图形自动生成三视图，不仅大大提高了工作效率，还可避免或减少绘图中的错误。

下面介绍在 AutoCAD 2016 中根据三维实体模型绘制三视图的步骤和方法。

（1）为生成三视图提供母体模型。可以通过创建三维实体的方法得到三维实体模型；可以直接打开已经创建好保存在计算机里的三维实体模型；还可以是打开通过其他绘图软件转换格式后的文件。

（2）选择 "三维建模" 工作空间；单击 "常用" 选项卡→ "视图" 面板→ "视觉样式" 选项组→ "二维线框" 显示方式。如图 11-26 所示。

（3）单击 "常用" 选项卡→ "视图" 面板→ "基点" 选项组→ "从模型空间" 　，命令行提示：

选择对象或 [整个模型(E)] <整个模型>:

（4）按 Enter 键，默认整个模型，命令行提示：

输入要置为当前的新的或现有布局名称或 [?] <布局 1>:

（5）选择模型所要去的布局，就可到相应的布局页面，命令行提示：

指定基础视图的位置或 [类型(T)/选择(E)/方向(O)/隐藏线(H)/比例(S)/可见性(V)] <类型>:

图 11-26　获取三维模型

（6）在放置主视图的适当位置单击鼠标，放置好主视图，并在功能区显示"工程图创建"选项卡，如图 11-27 所示。

图 11-27　"工程图创建"选项卡

（7）单击"工程图创建"选项卡→"方向"面板中的视图方向，选择合理的主视图投影方向，如图 11-28 所示。

图 11-28　选择合理的主视图投影方向

（8）单击"确定"完成主视图的创建。

（9）此时，拖动光标在适当位置可以创建其他视图，也可以单击"布局"选项卡→"创建视图"面板→"投影"按钮![img]，继续创建其他视图，结果如图 11-29 所示。

（10）创建剖视图。

图 11-29　工程图创建

① 单击"布局"选项卡→"创建视图"面板→"截面"按钮![img]，命令行提示：

选择父视图：

② 选择以上生成的俯视图作为父视图，创建剖切线，命令行提示：

指定起点或 [类型(T)/隐藏线(H)/比例(S)/可见性(V)/注释(A)/图案填充(C)] <类型>：

③ 指定左边线中线点，命令行提示：

指定下一个点或 [放弃(U)]：

④ 指定右边线中心点，按 Enter 键，完成剖切线的设置，命令行提示：

指定截面视图的位置或：

⑤ 在适当位置单击鼠标，放置剖切视图，如图 11-30 所示。如前面所述，可以插入图框，结果如图 11-31 所示。

图 11-30　生成剖视图

图 11-31　插入图框后的零件图效果

技能拓展 11

拓展 11.1　按图 11-32 所示尺寸绘制三维实体，并在布局空间自动生成实体的三视图。

拓展 11.2　按图 11-33 所示尺寸绘制三维实体，并在布局空间自动生成实体的三视图。

图 11-32　绘制三维实体并生成三视图

图 11-33　绘制三维实体并生成三视图

拓展 11.3　按图 11-34 所示尺寸绘制三维实体，并在布局空间自动生成实体的三视图。

拓展 11.4　按图 11-35 所示尺寸绘制三维实体，并在布局空间自动生成实体的三视图。

图 11-34　绘制三维实体并生成三视图

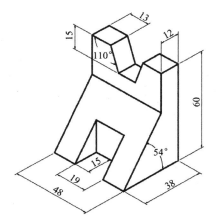

图 11-35　绘制三维实体并生成三视图

《AutoCAD 2016 工程绘图及实训（第 2 版）》读者意见反馈表

尊敬的读者：

    感谢您购买本书。为了能为您提供更优秀的教材，请您抽出宝贵的时间，将您的意见以下表的方式（可从 http://www.huaxin.edu.cn 下载本调查表）及时告知我们，以改进我们的服务。对采用您的意见进行修订的教材，我们将在该书的前言中进行说明并赠送您样书。

姓名：_____　　电话：_____

职业：_____　　E-mail：_____

邮编：_____　　通信地址：_____

1. 您对本书的总体看法是：

  □很满意　　　□比较满意　　　□尚可　　　□不太满意　　　□不满意

2. 您对本书的结构（章节）：□满意　□不满意　改进意见_____

_____

3. 您对本书的例题：□满意　□不满意　改进意见_____

_____

4. 您对本书的习题：□满意　□不满意　改进意见_____

_____

5. 您对本书的实训：□满意　□不满意　改进意见_____

_____

6. 您对本书其他的改进意见：

_____

_____

_____

7. 您感兴趣或希望增加的教材选题是：

_____

_____

_____

请寄：100036　北京市万寿路 173 信箱职业教育分社　刘少轩　收

电话：010-88254571　　E-mail：liusx@phei.com.cn

反侵权盗版声明

电子工业出版社依法对本作品享有专有出版权。任何未经权利人书面许可，复制、销售或通过信息网络传播本作品的行为以及歪曲、篡改、剽窃本作品的行为，均违反《中华人民共和国著作权法》，其行为人应承担相应的民事责任和行政责任，构成犯罪的，将被依法追究刑事责任。

为了维护市场秩序，保护权利人的合法权益，本社将依法查处和打击侵权盗版的单位和个人。欢迎社会各界人士积极举报侵权盗版行为，本社将奖励举报有功人员，并保证举报人的信息不被泄露。

举报电话：（010）88254396；（010）88258888

传　　真：（010）88254397

E-mail：dbqq@phei.com.cn

通信地址：北京市海淀区万寿路 173 信箱
　　　　　电子工业出版社总编办公室

邮　　编：100036